Lehrmittel für gewerbliche Berufsschulen

Herausgegeben von

Professor Horstmann
Ministerialrat in Berlin

Professor Hecker
Oberregierungs- u. Gewerbeschulrat in Kassel

Oberschulrätin Suhr
in Berlin

Heft 3

Fachkunde
für Maschinenbauerklassen
an gewerblichen Berufsschulen

II. Teil: Arbeitskunde

von

Studiendirektor

Ing. Otto Stolzenberg

Direktor der Gewerbeschule und der gewerblichen
Berufsschule zu Charlottenburg

Vierte Auflage

Mit 403 Abbildungen

Springer Fachmedien Wiesbaden GmbH 1925

ISBN 978-3-663-15433-4   ISBN 978-3-663-16004-5 (eBook)
DOI 10.1007/978-3-663-16004-5

Vorwort zur erſten Auflage.

Vorliegender Leitfaden ſoll dazu dienen, die Arbeit in der gewerblichen Berufsſchule fruchtbringender zu geſtalten. Er ſoll das zeitraubende Diktieren überflüſſig machen, den Schüler aber auch zum Nachdenken über ſeine Werkſtattsarbeit veranlaſſen. Aus dieſem Grunde bringt das Buch nicht nur die wichtigſten Tatſachen aus der Arbeitskunde, ſondern auch nach Möglichkeit eine gemeinverſtändliche Begründung der einzelnen Vorgänge. Hierbei iſt beſonderer Wert auf zeitſparende, neuzeitliche Arbeitsverfahren gelegt. Die zahlreichen, zum großen Teil aus dem im gleichen Verlage erſchienenen Stolzenberg, Maſchinenbau II entnommenen Abbildungen und Skizzen werden das Geſchriebene unterſtützen.

Charlottenburg, im April 1921.

Der Verfaſſer.

Vorwort zur vierten Auflage.

Die vorliegende Auflage bringt abermals eine Reihe von Verbeſſerungen. Der Text wurde eingehend durchgeſehen und der neueren Werkſtattpraxis angepaßt. Eine größere Zahl von Abbildungen wurde durch beſſere erſetzt, die Anzahl der Abbildungen ſelbſt wurde erweitert.

Faſt alle Abbildungen dieſes Buches ſind bei der Techniſch-Wiſſenſchaftlichen Lehrmittelzentrale Berlin NW 87, Sickingenſtr. 24, als größtenteils farbige Diapoſitive erſchienen, und ihre Benutzung wird ſicherlich dazu beitragen, den Unterrichtserfolg zu vergrößern.

Einer Reihe von Firmen ſei auch an dieſer Stelle für Überlaſſung von Unterlagen gedankt: Robert Boſch, Stuttgart; Ludw. Loewe, Berlin; Schuchardt & Schütte, Berlin; Fritz Werner, Berlin-Marienfelde; Webo, Erkrath; Gebr. Böhringer, Göppingen; Wotanwerke, Chemnitz; Sondermann & Stier, Chemnitz.

Fachrechenaufgaben zu dem vorliegenden Stoff und zur Werkſtoffkunde finden ſich in Heft 6 dieſer Sammlung.

Charlottenburg, im Sommer 1925.

Der Verfaſſer.

II. Teil: Arbeitskunde.

1. Das Messen und die Meßwerkzeuge.

a) Allgemeine Meßwerkzeuge und ihre Anwendung.

Die Längeneinheit ist das Meter, ungefähr der 40 000 000. Teil des Erd=
umfanges, über die beiden Erdpole gemessen. Als internationales Urmaß dient ein
Maßstab, der bei Paris aufbewahrt wird. Das deutsche Urmeter, das von der deut=
schen Normal=Eichungskommission in Berlin=Charlotten=
burg aufbewahrt wird, ist nach dem internationalen Ur=
meter hergestellt.

Der Maschinenbauer mißt nach Millimetern (1 m
= 1000 mm), häufig auch nach Zehntel=, Hundertstel=
und Tausendstelmillimetern.

Den Zollstock aus Holz o. dgl. verwenden wir nur
für ganz untergeordnete Messungen, weil er selten genau
ist. Besser sind Stahlmaßstäbe mit Millimeter=, zuwei=
len auch englischer Zolleinteilung (1″ gleich fast genau
25,4 mm). Haben wir große Maße zu nehmen, wie z. B.
bei der Aufstellung von Maschinen oder beim Ausmessen
von Werkstatträumen, so benutzen wir das Bandmaß
(Abb. 1), das in einer Lederkapsel aufgerollt wird.

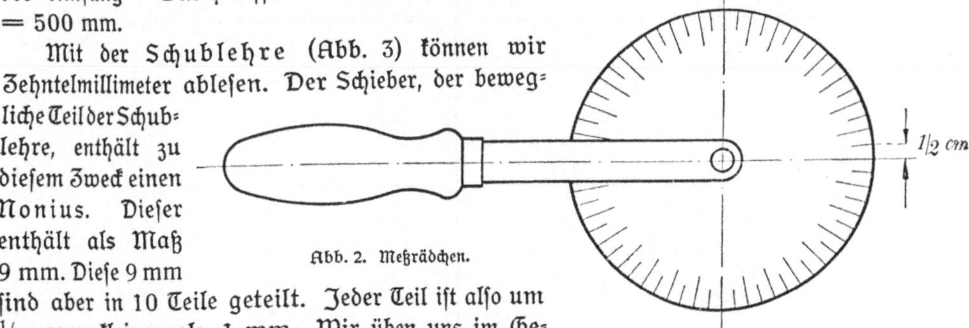

Abb. 1. Bandmaß.

Zum Ausmessen von Kurven bedient sich der Kessel=
schmied der Meßscheiben oder Meßrädchen (Abb. 2), die er auf der zu messen=
den Kurve abrollt. Ist der Durchmesser der Scheibe z. B. 159,25 mm, so ist
der Umfang = Durchmesser $\times$ π = 159,25 · 3,14
= 500 mm.

Mit der Schublehre (Abb. 3) können wir
Zehntelmillimeter ablesen. Der Schieber, der beweg=
liche Teil der Schub=
lehre, enthält zu
diesem Zweck einen
Nonius. Dieser
enthält als Maß
9 mm. Diese 9 mm

Abb. 2. Meßrädchen.

sind aber in 10 Teile geteilt. Jeder Teil ist also um
$^1/_{10}$ mm kleiner als 1 mm. Wir üben uns im Ge=
brauch der Schublehre, indem wir zunächst nur ganze
Millimeter von dem festen Lineal der Schublehre ablesen. Abgelesen wird an der
Stelle, wo der erste Strich des Nonius, das ist der Nullstrich, mit einem Strich des
festen Lineals übereinstimmt. Der folgende Strich des Nonius begrenzt den 1. Teil,
der nachfolgende den 2. usf. Stimmt nicht der Nullstrich, sondern z. B. erst der dar=
auffolgende siebente Teilstrich des Nonius mit einem Strich des festen Lineals über=

ein, so sind zu dem aufgedeckten Maß des festen Lineals noch $^7/_{10}$ mm hinzuzu-
zählen. Abb. 3 zeigt z. B. das Maß 58,7 mm.

In ähnlicher Weise können wir mit einer Schublehre mit Zolleinteilung messen. Das feste Lineal hat als kleinste Maßeinheit $^1/_{16}''$. Auf den Nonius sind $^7/_{16}''$ übertragen und in 8 gleiche Teile geteilt. Jeder Noniusteil ist also um den 8. Teil von $^1/_{16}'' = ^1/_{128}''$ kleiner geworden. Wir können also mit dieser Schublehre $^1/_{128}''$ ablesen. Die Abb. 4—9 zeigen verschiedene Einstellungen der Schub-lehre.

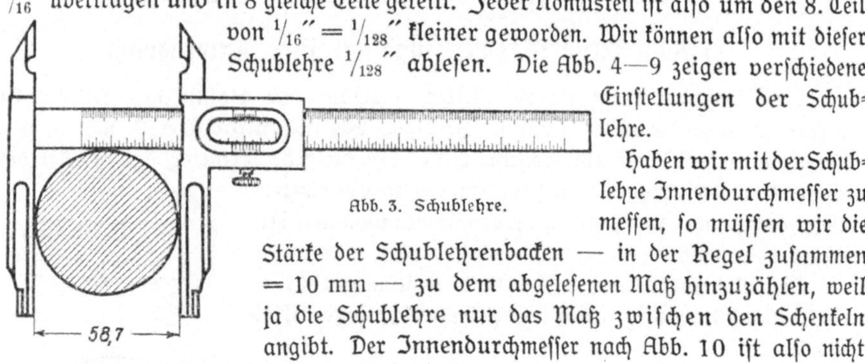

Abb. 3. Schublehre.

Haben wir mit der Schub-lehre Innendurchmesser zu messen, so müssen wir die Stärke der Schublehrenbacken — in der Regel zusammen = 10 mm — zu dem abgelesenen Maß hinzuzählen, weil ja die Schublehre nur das Maß zwischen den Schenkeln angibt. Der Innendurchmesser nach Abb. 10 ist also nicht 26,5, sondern 36,5 mm.

Die Schraublehre oder Mikrometerschraube (Abb. 11) ermöglicht es uns, noch genauer zu messen. Wir können Hundertstelmillimeter ablesen. Der Meßteil der Mikrometerschraube ist eine Spindel mit Feingewinde, mit der eine Mantelhülse verbunden ist. Beim Messen schrauben wir die Spindel in die Innenhülse, in der sich die Mutter zu dieser Schraube befindet, hinein. Wir wollen annehmen, unsere Spindel habe ein Gewinde mit $^1/_2$ mm Steigung. Das heißt, bei jeder vollen Umdrehung schraubt sich die Spindel um $^1/_2$ mm hinein oder heraus, je nach der Drehrichtung.

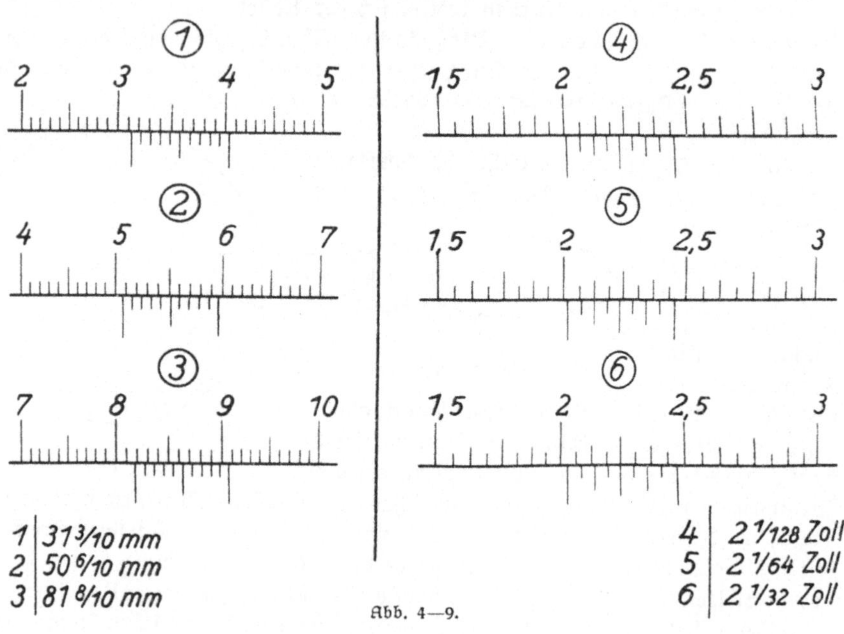

1	31 $^3/_{10}$ mm		4	2 $^1/_{128}$ Zoll
2	50 $^6/_{10}$ mm		5	2 $^1/_{64}$ Zoll
3	81 $^8/_{10}$ mm		6	2 $^1/_{32}$ Zoll

Abb. 4—9.

Nun ist die Innenhülse in ganze und halbe Millimeter, die schräge Fläche der Mantel-hülse in 50 Teile geteilt. Die Drehung um 1 Teilstrich bedeutet also Hebung oder Senkung der Spindel um den 50. Teil der ganzen Steigung, d. i. der 50. Teil von $^1/_2$ mm $= ^1/_{100}$ mm. Wir lesen Einstellungen der Schraublehre nach Abb. 12 bis 14 ab. Da sich das Werkzeug infolge der Handwärme ausdehnt und dann ungenaue Maße angibt, empfiehlt es sich, den Bügel mit einem Seidenlappen zu umwickeln, der ein schlechter Wärme-leiter ist.

Tiefenlehren (Abb. 15) benutzen wir ähnlich wie eine Schublehre zum Messen der Tiefen von nicht durch-gehenden Löchern, Nu-ten u. dgl.

Haben wir Maschi-nenteile wie Lager, Kurbelzapfen, Wellen auszurichten, Werkzeug-maschinen aufzustellen

Abb. 10. Innenmessen.

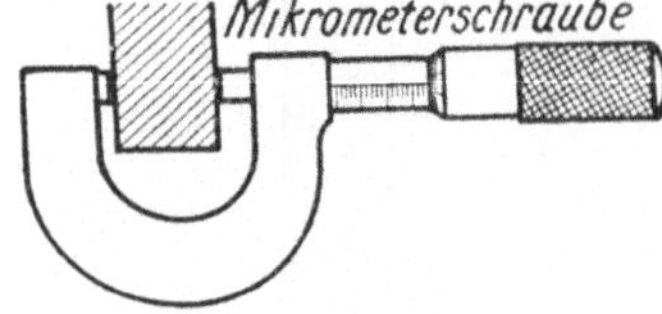

Abb. 11. Mikrometerschraube.

oder Richtarbeiten auszuführen, so müssen wir häufig mit Wasserwagen arbeiten. Die Wasserwage (Abb. 16) enthält entweder eine gebogene oder eine zylindrische Glasröhre, die Libelle, deren Innenwand z. T. zu einer tonnenförmigen Fläche aus-geschliffen ist. Der Inhalt besteht in der Regel aus Schwefeläther, Weingeist o. dgl., weil diese Flüssigkeiten geringere Haftwirkung (Adhäsion) haben als Wasser, daher empfindlicher sind. Wir stellen fest, ob die Wasserwage nach Graden und Minuten

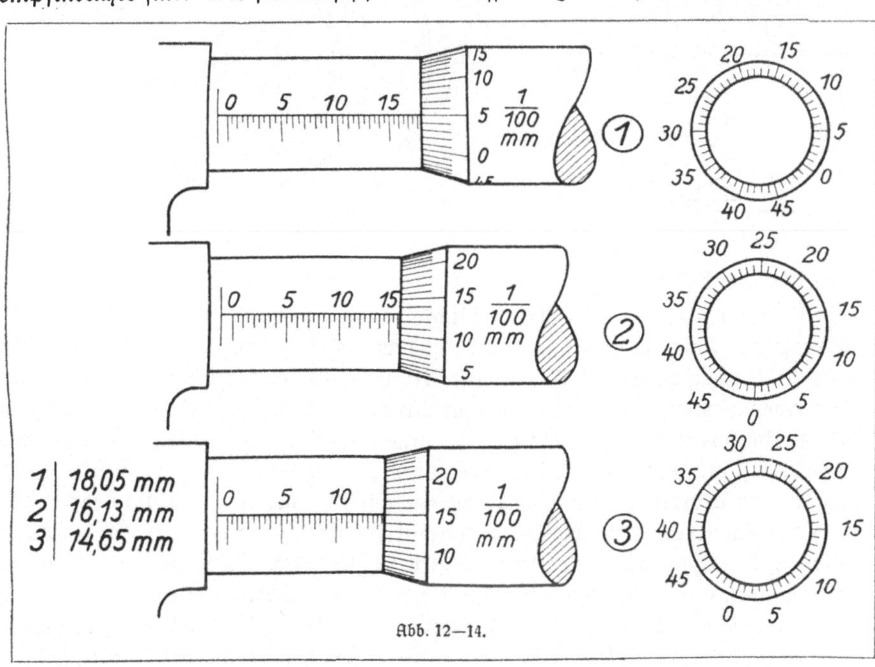

Abb. 12—14.

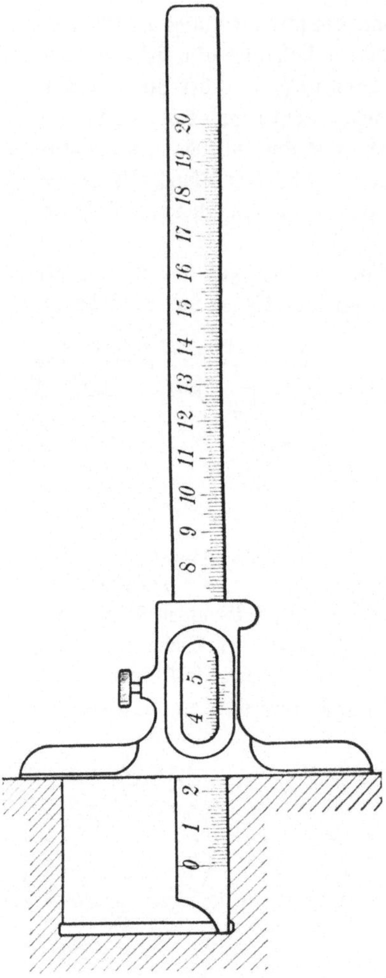

Abb. 16. Wasserwage.

Abb. 15. Tiefenlehre.

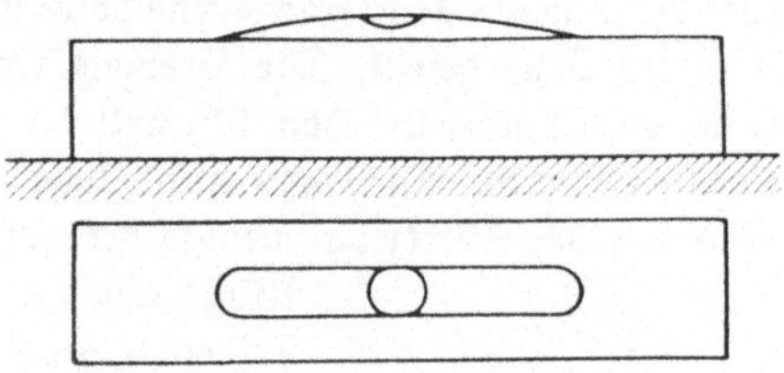

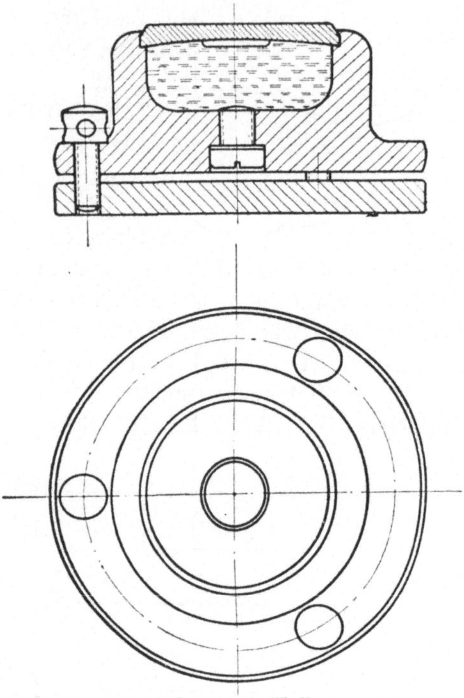

Abb. 17. Dosenlibelle.

mißt ($1^0 = 60'$) oder ob die Empfindlichkeit angegeben ist. Steht z. B. auf einer Wasserwage: Empfindlichkeit 0,3, so heißt das, daß der Ausschlag der Luftblase um 1 Teilstrich gleichbedeutend ist mit einer Abweichung des geprüften Stückes von der Wagerechten um 0,3 mm auf 1000 mm Länge. Auch die Dosenlibelle (Abb. 17) ist eine Wasserwage. Der Glasdeckel ist innen kugelig ausgeschliffen. Die auf der Glasplatte sichtbaren konzentrischen Kreise werden mit der Stellung der Luftblase ver=glichen. Das Werkstück wird so lange ausgerichtet, bis der die Luftblase begrenzende Kreis mit den Kreisen der Glasplatte konzentrisch liegt. Die Schlauchwasserwage (Abb. 18) benutzen wir, um entfernte Punkte in gleiche Höhe zu bringen oder um den Unterschied in der Höhenlage solcher Punkte festzustellen. Sie wirkt wie zwei Röhren, die mit einer Flüssigkeit gefüllt sind und miteinander in Verbindung stehen. In beiden Ge=fäßen steht das Wasser gleich hoch. Solche Röhren nennt man kommunizierende Röhren

Wollen wir feine Unebenheiten auf bearbeiteten Werkstücken ermitteln, so verwenden wir Fühlhebel, die das Maß der Ungenauigkeit in $^1/_{100}$ mm angeben. Abb. 19 zeigt die Skizze eines derartigen Fühlhebels. Trifft der Taststift *A* auf eine Erhöhung, so schiebt sich die mit ihm verbundene Stange nach oben. Die Stange stößt oben an den kurzen Arm des Doppelhebels *B*, der infolgedessen in Pfeilrichtung gedreht wird. Der lange Arm des Hebels *B* bewegt den Zeiger *C*, dessen Spitze auf der Skala einspielt. Da der Hebel ungleicharmig ist, so bewirkt eine geringe Drehung des kurzen Hebelendes eine größere des langen Endes. Je länger dieses Ende im Vergleich zum kürzeren ist, desto größer und desto deutlicher wird der Ausschlag. Trifft der Fühlstift *A* dagegen auf eine Vertiefung, so bewirkt die in der Mitte der Abbildung sichtbare Blattfeder eine Linksdrehung des Zeigers. Bei Beginn der Messungen stellen wir den Fühlstift *A* so weit an, daß der Zeiger auf 0 steht (Abb. 20). Außer dem gezeigten gibt es Fühlhebel in Uhrform, die ähnlich wirken.

Lineale benutzen wir zur Feststellung von Unebenheiten nach dem Lichtspaltverfahren (Abb. 21). Wir fahren mit dem Lineal über die zu prüfende Fläche des Werkstückes und beobachten, indem wir das Ganze gegen das Licht halten, ob an irgendeiner Stelle Licht hindurchfällt. Beim Messen mit Linealen beachten wir folgendes: Dünne Lineale dürfen nicht mit der Kante auf die Meßfläche aufgelegt werden, weil die Kante häufig infolge Durchbiegung des Lineals krumm ist (Abb. 22), Abb. 23 zeigt die richtige Handhabung des Lineals.

Zur Prüfung der Form des Werkstückes dienen uns auch Richtlineale (Abb. 24), Richtschienen (Abb. 25) und Tuschierplatten (Abb. 26), die in ungefähr derselben Weise wirken. Wir versehen diese Werkzeuge mit einem Hauch Tusche und schieben sie lose über die zu prüfenden Flächen. Die Tusche haftet an den erhöhten Stellen und macht sie uns so kenntlich. Wir können dann schaben, bis genügend tragende Stellen auf dem Werkstück vorhanden sind.

Winkel verschiedener Formen gebrauchen wir nicht nur

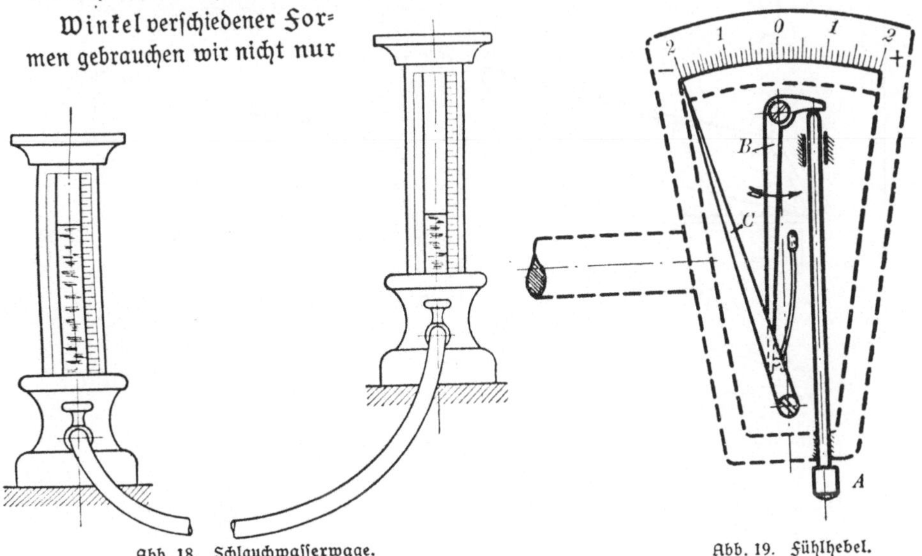

Abb. 18. Schlauchwasserwage.   Abb. 19. Fühlhebel.

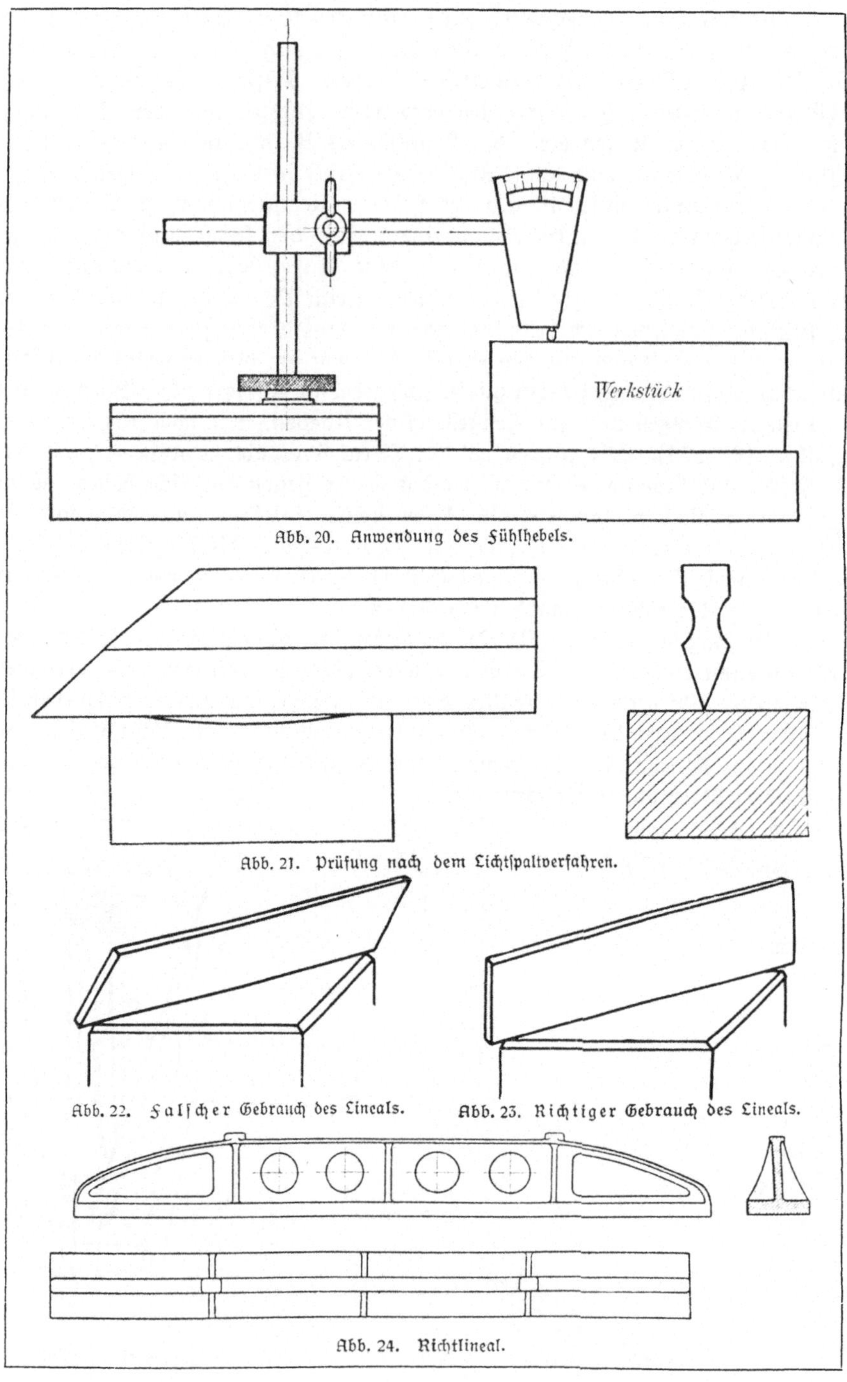

Abb. 20. Anwendung des Fühlhebels.

Abb. 21. Prüfung nach dem Lichtspaltverfahren.

Abb. 22. Falscher Gebrauch des Lineals.

Abb. 23. Richtiger Gebrauch des Lineals.

Abb. 24. Richtlineal.

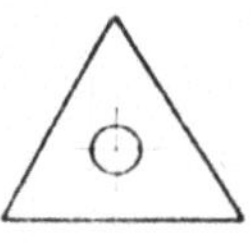

Abb. 25. Richtschiene.

zum Anreißen, sondern ebenfalls zum Messen. Am häufigsten finden wir rechte Winkel in der Werkstatt. Es kommen aber auch Sechskantwinkel (Abb. 27), die einen Winkel von 120° einschließen, und andere vor. Um Fehler bei dem Messen mit Winkeln zu vermeiden, haben wir folgendes zu beachten: Der Winkel darf nicht mit einer Kante angeschlagen werden (Abb. 28), da sonst der andere Schenkel meist falsch auf der Meßfläche aufliegt. Ebenso darf der Winkel nicht schräg auf die Anschlagfläche gehalten werden, da sonst der andere Schenkel nur mit der Kante auf der zu entstehenden Fläche aufliegt (Abb. 29). Das richtige Anschlagen des Winkels zeigt Abb. 30. Die Schmiege (Abb. 31) ist auch nichts anderes als ein verstellbarer Winkel, der bei dem abgebildeten Beispiel zum Messen einer Drehbankspitze auf 60° eingestellt ist. Noch vielseitiger können wir die Doppelschmiege verwenden, wie aus den Anwendungsbeispielen in Abb. 32—36 hervorgeht.

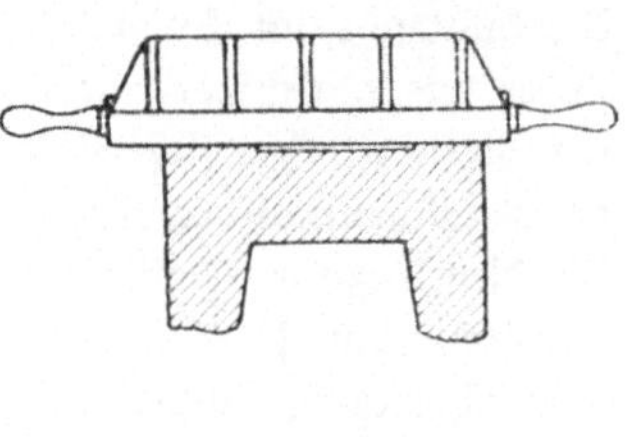

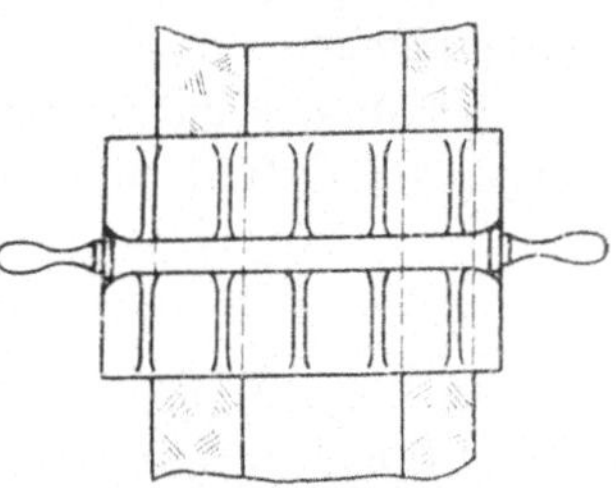

Abb. 26. Tuschierplatte.

Meßklötzchen, auch Parallel-Endmaße oder Rapporteure genannt, sind wegen ihrer Genauigkeit und einfachen Handhabung sehr beliebt. Sie bestehen aus gehärtetem Gußstahl, damit sie sich nicht so leicht abnutzen, und sind so genau gearbeitet, daß sie aneinander haften. Wir verwenden diese Endmaße, um nach ihnen andere Meßwerkzeuge herzustellen, einzustellen und nachzuprüfen, ferner, um irgendwelche Werkstücke mit ihnen zu prüfen und schließ-

Abb. 27.
Sechskantwinkel.

lich, um Hobelstähle, Fräser u. dgl. auf die gewünschte Schnittiefe zu stellen. Einige Anwendungsbeispiele zeigen die Abbildungen 37—40.

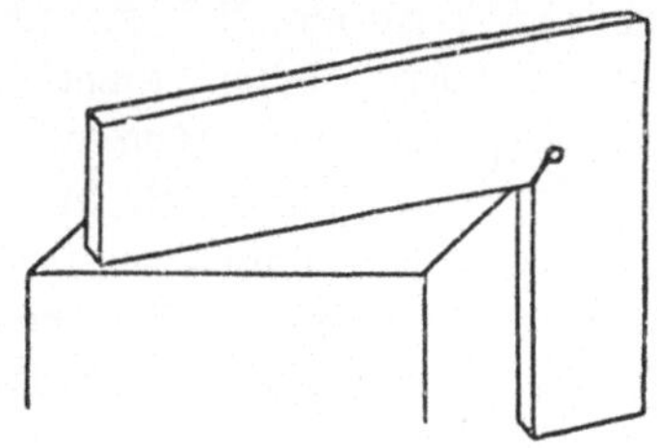

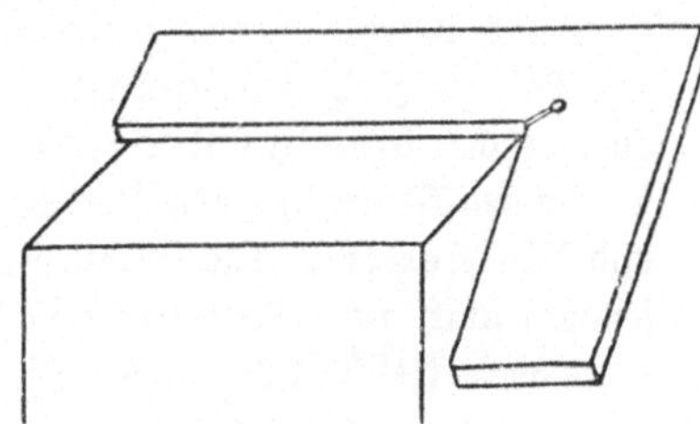

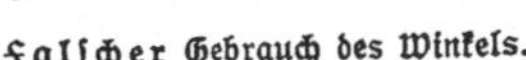

Abb. 28.   Falscher Gebrauch des Winkels.   Abb. 29.

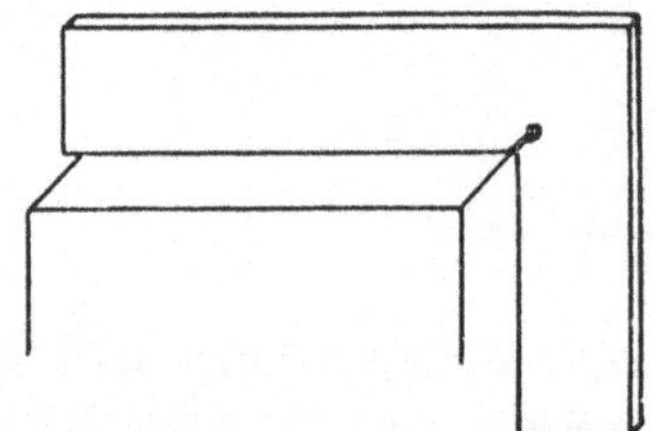

Abb. 30. Richtiger Gebrauch des Winkels.

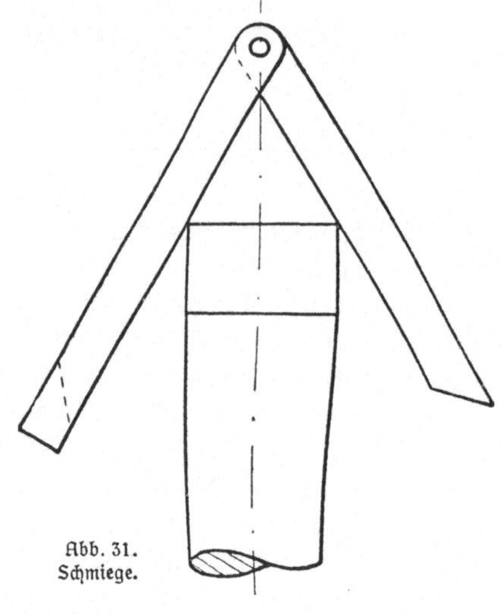

Abb. 31.
Schmiege.

Fühllehren (Abb. 41), in manchen Werkstätten auch Spione genannt, bestehen aus verschieden starken, gehärteten Blättchen, die sich wie die Klingen eines Taschenmessers einklappen lassen. Sie dienen zum Messen von Schlitzen, Spalten, zum Prüfen des Spieles an Gleitführungen, Lagern und für andere Feinmessungen.

Zum Außen- und Innenmessen dienen Taster. Da beim Messen mit diesen Werkzeugen das Gefühl mitspricht, kann man mit ihnen nicht sehr genau messen.

b) Sondermeßwerkzeuge.

Der Modelltischler benutzt den Schwindmaßstab. Er muß nämlich das Holzmodell etwas größer machen, weil auch die Sandform, in die das flüssige Metall vom Gießer gegossen wird, um so viel größer sein muß, als sich das Gußstück beim Erkalten zusammenzieht. Dieses Kleinerwerden des Gußstückes nennt man Schwinden. Das Längenschwindmaß beträgt für

Gußeisen . . . . $\frac{1}{96} = 0{,}0104$ mm	Messing . . . . $\frac{1}{65} = 0{,}0154$ mm
Stahlguß . . . . $\frac{1}{50} = 0{,}0200$ „	Rotguß und Bronze . $\frac{1}{134} = 0{,}0750$ „
Zink . . . . $\frac{1}{62} = 0{,}0161$ „	auf jeden mm.

Der Schwindmaßstab für ein Modell, das zur Herstellung einer Form für Gußeisen dient, muß also statt 1000 mm $1000 + \frac{1000}{96} = 1010{,}4$ oder rund 1010 mm lang sein, das ist um 1 v. H. länger als der gewöhnliche Maßstab.

Der Feuermaßstab, den der Schmied benutzt, besteht in der Regel aus Flacheisen und besitzt entweder eine grobe Einteilung nach $\frac{1}{2}$ cm und $\frac{1}{4}''$ oder wird von Fall zu Fall mit Kreidestrichen versehen, weil der Schmied keine Feinmessung anzuwenden braucht und seine Teilungen im Betrieb auch nicht immer erkennen kann.

In den Material- und Werkzeuglagern, z. T. auch im Betrieb, finden wir Draht- und Blechlehren. Die Drahtlehren können wir nicht nur zum Messen von Draht, sondern auch von Stiften und Spiralbohrern verwenden. Die deutsche Millimeter-Drahtlehre (Abb. 42) hat 48 Öffnungen und ist nach folgender Zusammenstellung zu benutzen:

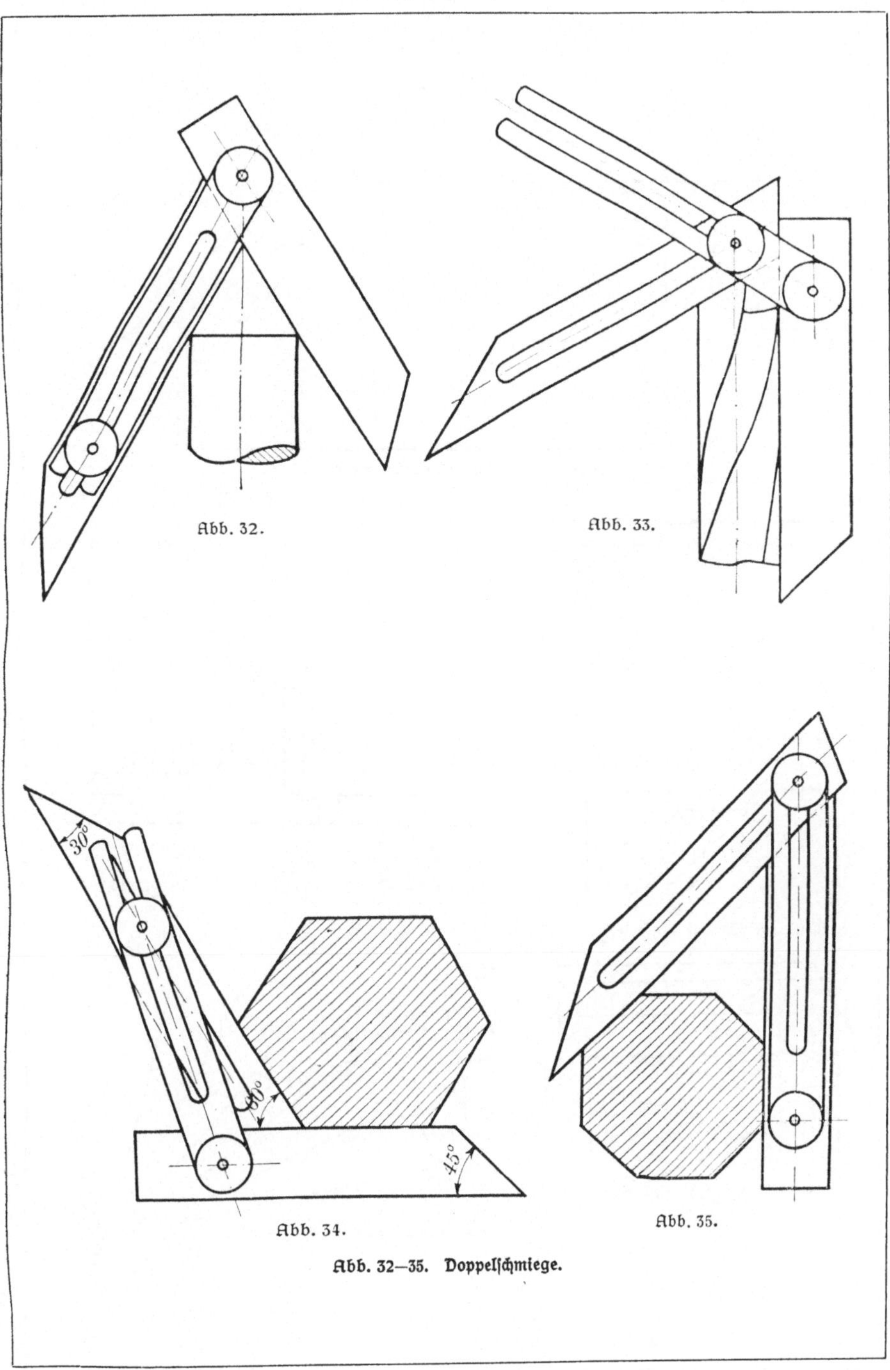

Abb. 32.

Abb. 33.

Abb. 34.

Abb. 35.

Abb. 32—35. Doppelſchmiege.

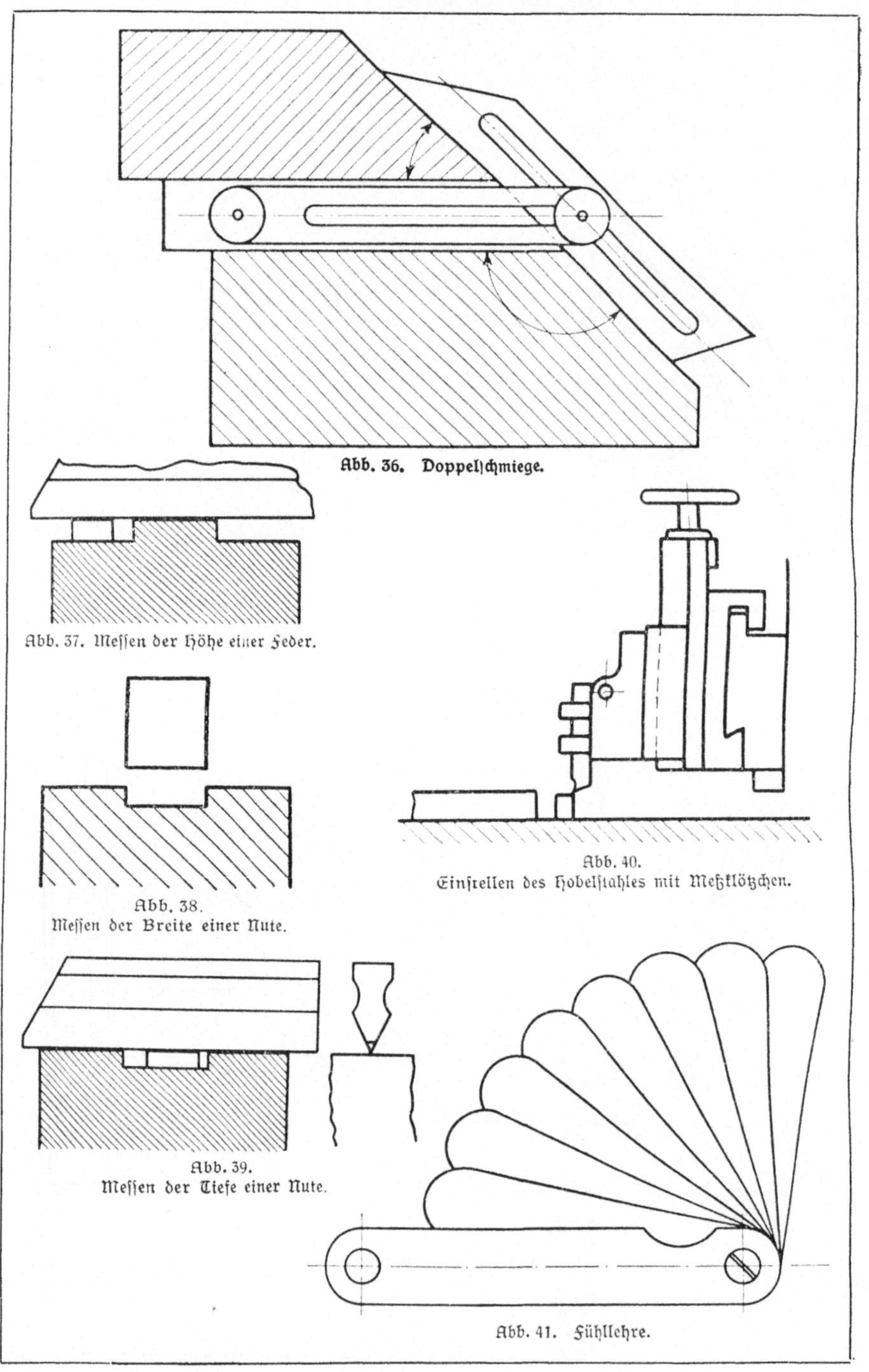

Abb. 36. Doppelschmiege.

Abb. 37. Messen der Höhe einer Feder.

Abb. 38.
Messen der Breite einer Nute.

Abb. 40.
Einstellen des Hobelstahles mit Meßklötzchen.

Abb. 39.
Messen der Tiefe einer Nute.

Abb. 41. Fühllehre.

Nr. der Lehre	Stärke mm	Nr. der Lehre	Stärke mm	Nr. der Lehre	Stärke mm
2	0,2	10	1	40	4
2/2	0,22	11	1,1	42	4,2
2/4	0,24	12	1,2	44	4,4
2/6	0,26	13	1,3	46	4,6
2/8	0,28	14	1,4	48	4,8
3/1	0,31	16	1,6	50	5
3/4	0,34	18	1,8	55	5,5
3/7	0,37	20	2	60	6
4	0,4	22	2,2	65	6,5
4/5	0,45	25	2,5	70	7
5	0,5	28	2,8	75	7,5
5/5	0,55	31	3,1	80	8
6	0,6	34	3,4	85	8,5
7	0,7	37	3,7	90	9
8	0,8	38	3,8	95	9,5
9	0,9	39	3,9	100	10

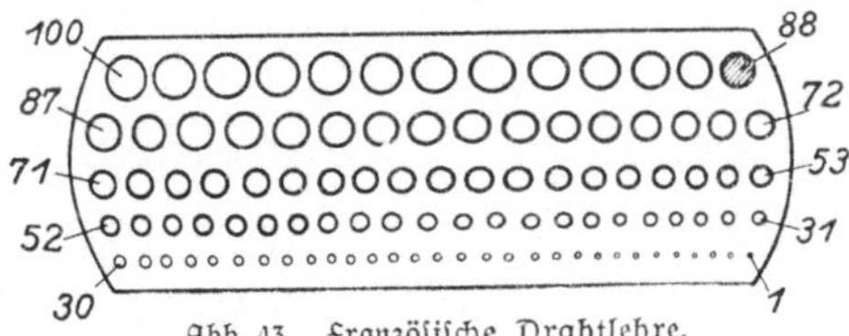

Abb. 42. Deutsche Millimeter-Drahtlehre.

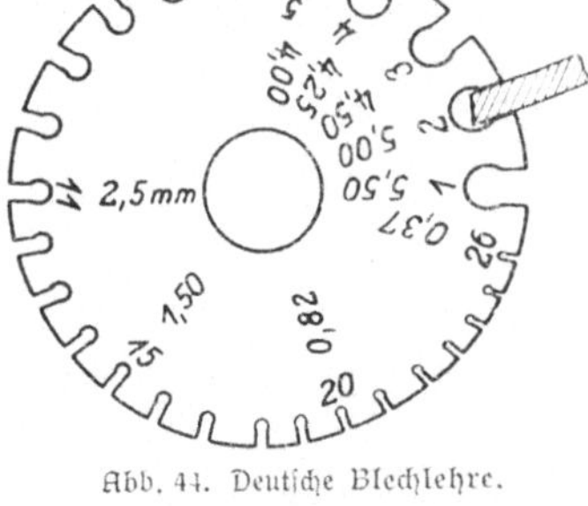

Abb. 44. Deutsche Blechlehre.

Abb. 43. Französische Drahtlehre.

Die französische Drahtlehre (Abb. 43) hat 100 Löcher für Drahtstärken von 0,1 bis 10 mm, um 0,1 mm steigend. Die aufgestempelten Nummern geben das Maß in $^1/_{10}$ mm an. Nr. 68 bedeutet also 6,8 mm Φ. Ähnlich wie die Anwendung der Drahtlehren ist die der Blechlehren. Die deutsche Blechlehre (Abb. 44) ist nach folgender Zusammenstellung zu benutzen:

Nr.	mm	Nr.	mm	Nr.	mm	Nr.	mm
1	5,5	8	3,25	15	1,5	21½	0,680
2	5	9	3	16	1,375	22	0,625
3	4,5	10	2,75	17	1,250	23	0,562
4	4,25	11	2,5	18	1,125	24	0,500
5	4	12	2,25	19	1	25	0,438
6	3,75	13	2	20	0,875	26	0,375
7	3,30	14	1,75	21	0,750	27	0,300

Gewindelehren. Denken wir uns um eine Walze einen biegsamen Draht o. dgl. von dreieckigem, rechteckigem oder anderem Querschnitt spiralförmig herumgewunden, so entsteht ein Gewinde (Abb. 45). Den Abstand der einzelnen Windungen voneinander nennt man die Steigung des Gewindes, den Querschnitt des herumgewunden gedachten Drahtes das Gewindeprofil. Diese und andere Bezeichnungen sehen wir auch in Abb. 46, die ein Gewindeprofil nach D I-Normen darstellt. Es handelt sich um das metrische Gewindesystem International (S.-I.). Das Gewindeprofil ist ein gleichseitiges Dreieck, in dem jeder Winkel, also auch der Winkel an der Spitze, 60° ist. Die Bezeichnungen der Abbildung bedeuten:

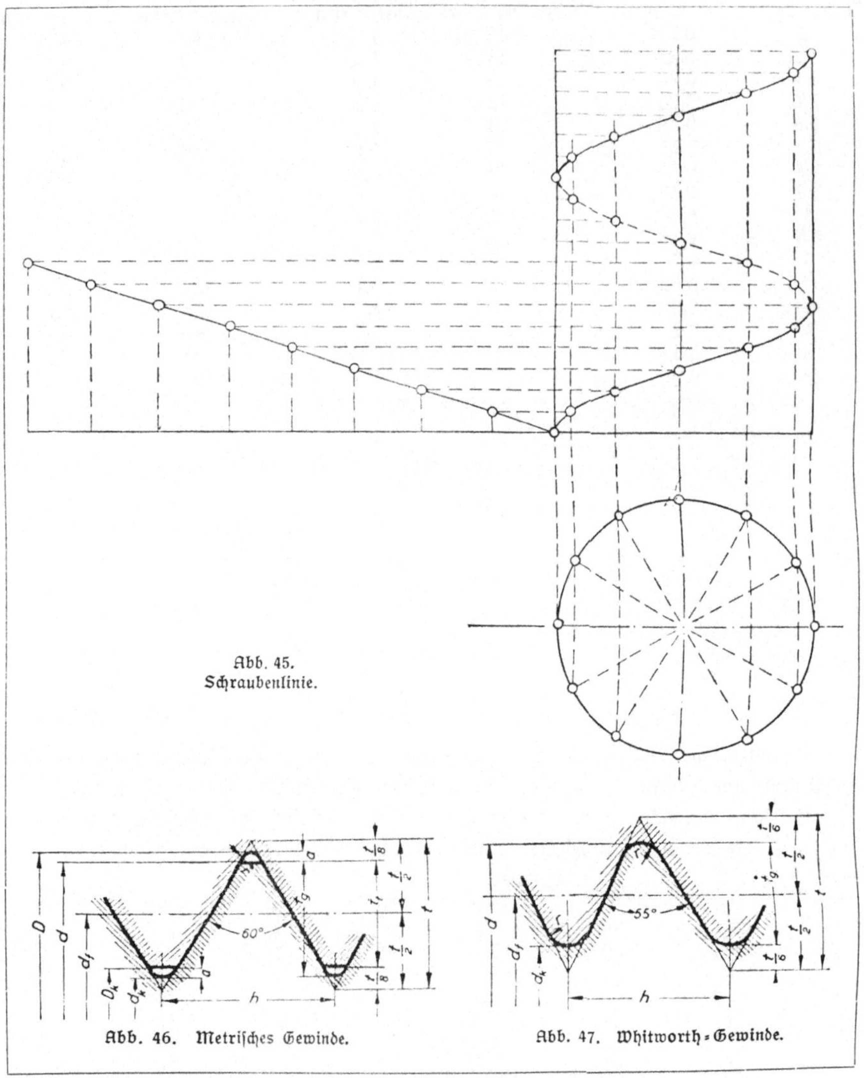

Abb. 45.
Schraubenlinie.

Abb. 46. Metrisches Gewinde.

Abb. 47. Whitworth-Gewinde.

d	Gewindedurchmesser	t_t Tragtiefe
d_k	Kerndurchmesser	a Spielraum
d_f	Flankendurchmesser	r Rundung
h	Steigung	D Gewindedurchmesser der Mutter
t_g	Gewindetiefe	D_k Kerndurchmesser der Mutter.

Aus einer Gewindetafel greifen wir z. B. das Gewinde mit einem Durchmesser von 20 mm heraus. Die Tafel gibt uns dann folgende Werte an

$d = 20$	$t_g = 1{,}736$	r (im Mittel) $= 0{,}158$
$d_k = 16{,}53$	$t_t = 1{,}624$	$D = 20{,}23$
$d_f = 18{,}376$	a (im Mittel) $= 0{,}113$	$D_k = 16{,}75$.
$h = 2{,}5$		

Das bekannte Whitworth-Gewinde hat einen Flankenwinkel von 55^0. Es ist in Abb. 47 dargestellt. Auch hierfür ein Beispiel aus einer Gewindetafel!

$d = 1'' = 25{,}40$ mm	$h = 3{,}175$
$d_k = 21{,}33$	$t_g = 2{,}033$
$d_f = 23{,}367$	$r = 0{,}436$.
z (Gangzahl auf 1 Zoll) $= 8$	

Wir nahmen an, daß das Gewinde durch Auflegen eines schraubenförmig gewundenen Drahtes entstanden sei; in Wirklichkeit wird es aber durch Einschneiden solcher gewun-

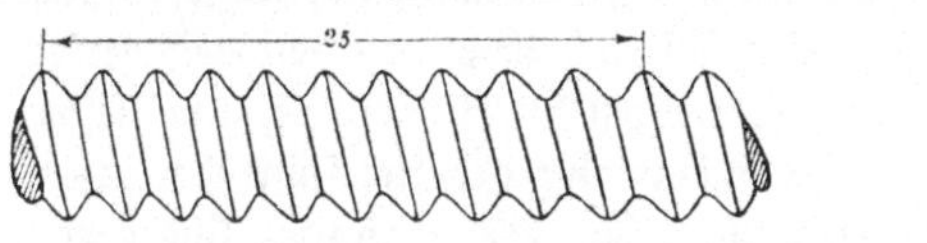

Abb. 48.

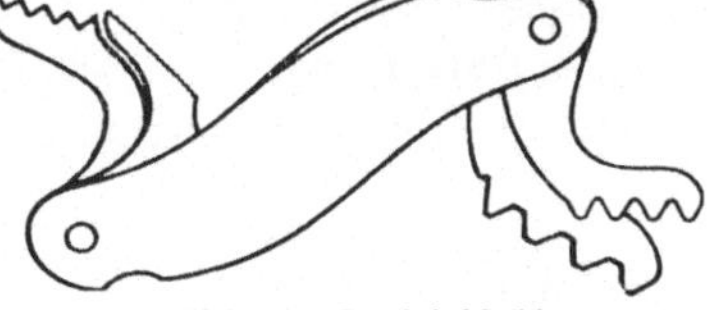

Abb. 49. Gewindeschablone.

dener Vertiefungen hergestellt. Denken wir uns das Gewinde-profil durch Abfeilen o. dgl. wieder entfernt, so bleibt der Kern, das ist eben die glatte Walze, von der wir ausgingen, übrig. Von dem Flankenmaß wird weiter hinten die Rede sein.

Den Außendurchmesser des Bolzengewindes messen wir mit der Schublehre, den Kern-durchmesser mit den scharfen Schneiden der Schublehre, die

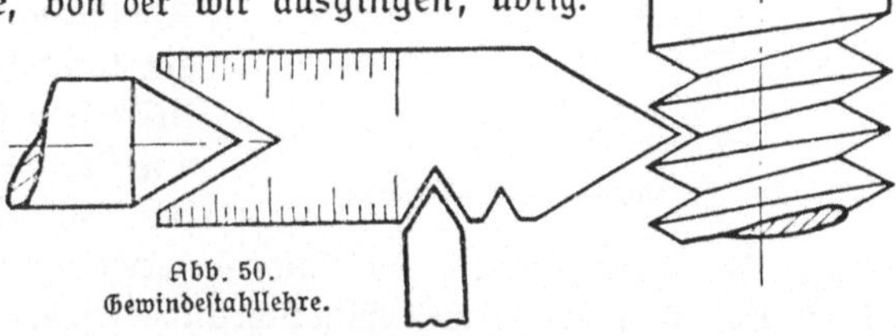

Abb. 50.
Gewindestahllehre.

Steigung z. B. in der Weise, daß wir mehrere Gänge mit dem Stahlmaßstab oder der Schublehre abmessen und durch die Zahl der Gänge teilen. So messen wir nach Abb. 48 10 Gänge $= 25$ mm, ergibt für 1 Gang $25 : 10 = 2{,}5$ mm Steigung. Ist das Gewinde sehr fein oder aus anderen Gründen schwer zu messen, so können wir uns dadurch helfen, daß wir es auf Papier abdrücken und auf diesem messen. Die Gewindeform, da-neben auch die Gewindesteigung, messen wir zweckmäßig in der Weise, daß wir feststellen, welches Blättchen einer Ge-windeschablone (Abb. 49) genau in dem Gewinde anliegt, und das betreffende Maß von dem Blättchen ablesen. Eine Gewindestahllehre (Abb. 50) können

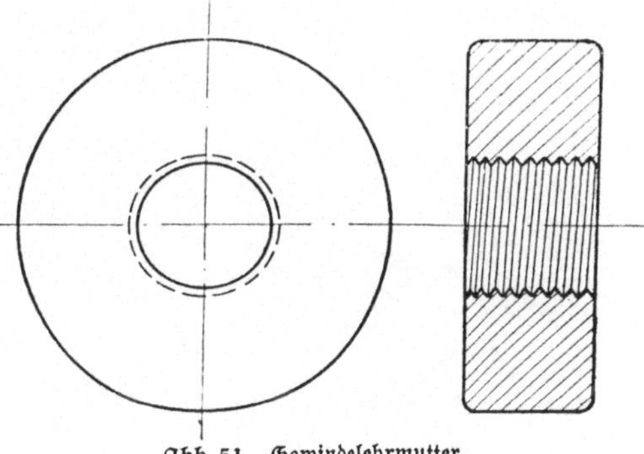

Abb. 51. Gewindelehrmutter.

wir gleichfalls zur Prüfung der Gewindeform, ferner aber auch des Gewindestahls und der Körnerspitzen einer Drehbank verwenden. Häufig genügt es, eine Gewinde= lehrmutter (Abb. 51) auf den fertigen Gewindebolzen zu schrauben und nach dem Gefühl zu prüfen, ob das Gewinde stimmt. Dementsprechend verwenden wir für Loch= gewinde einen Gewindelehrdorn (Abb. 52), dessen glatter Zylinder (rechts in der Ab= bildung) dem Maß D_k (Kerndurchmesser der

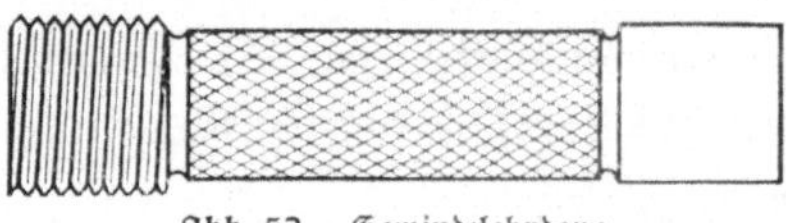

Abb. 52. Gewindelehrdorn.

Mutter) in Abb. 46 entspricht. Das Maß F in Abb. 53 ist der Flankendurchmesser. Er entspricht dem Maß d_f in Abb. 46. Um dieses Maß festzustellen, benutzen wir entweder eine Mikrometerschraube mit einer Meßspitze und einem Gegentaster, die dem Gewindeprofil entsprechen (Abb. 53) oder Kugeltaster, deren Meßenden Kugeln verschiedener Größe tragen. Wir stellen den Taster nach einem Lehrdorn von be= kannten Abmessungen ein (Abb. 54) und prüfen das Flankenmaß des angefertigten Gewindes. Wie die Tasterkugeln anliegen, zeigt Abb. 55. Eine von den Zeißwerken in Jena hergestellte Einrichtung zum Messen des Flankenmaßes arbeitet folgendermaßen (Abb. 56): Für jedes Gewinde sind genau passende Drähte vorgesehen, die mit einer Mikrometerschraube so in die Gewinde= gänge hineingedrückt werden, wie es die Abbildung zeigt. Das Maß kann man von der Mikrometerschraube ablesen. Lupe und Mikroskop dienen ebenfalls zur Gewinde= untersuchung. Sie machen auch kleine Fehler für das Auge deutlich sichtbar. Zum

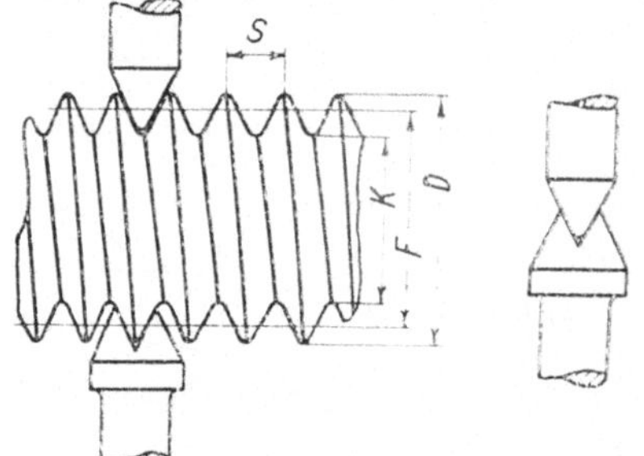

Abb. 53. Messen des Flankenmaßes.

Messen der Schlüsselweiten von Muttern verwenden wir Mutternlehren aus starkem Blech (Abb. 57), die wir wie einen Schraubenschlüssel auf die Muttern bringen. Das Maß des betreffenden Gewindes, das auf die Lehre aufgestempelt ist, lesen wir ab.

Hobellehren gebrauchen wir zum Prüfen der Hobelarbeiten. Diese Lehren sind Schablonen, die eigens nach der Form der zu prüfenden Werk= stücke hergestellt sind. Beispiele zeigen Abb. 58 und 59. Es sind Lehren zur Prü= fung von Pris= menführungen, wie sie an Dreh= bänken und an= deren Werkzeug= maschinen vor= kommen. Eine andere Hobel= lehre ähnlicher

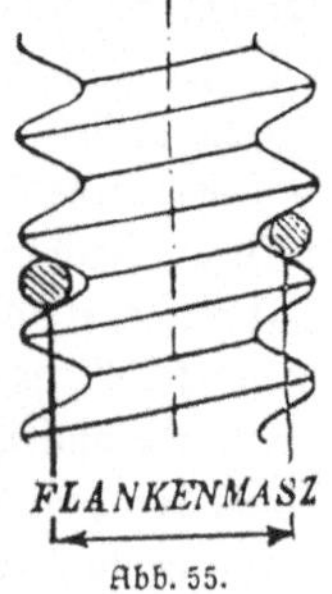

Abb. 55.

Abb. 54. Kugeltaster für Gewindeprüfung.

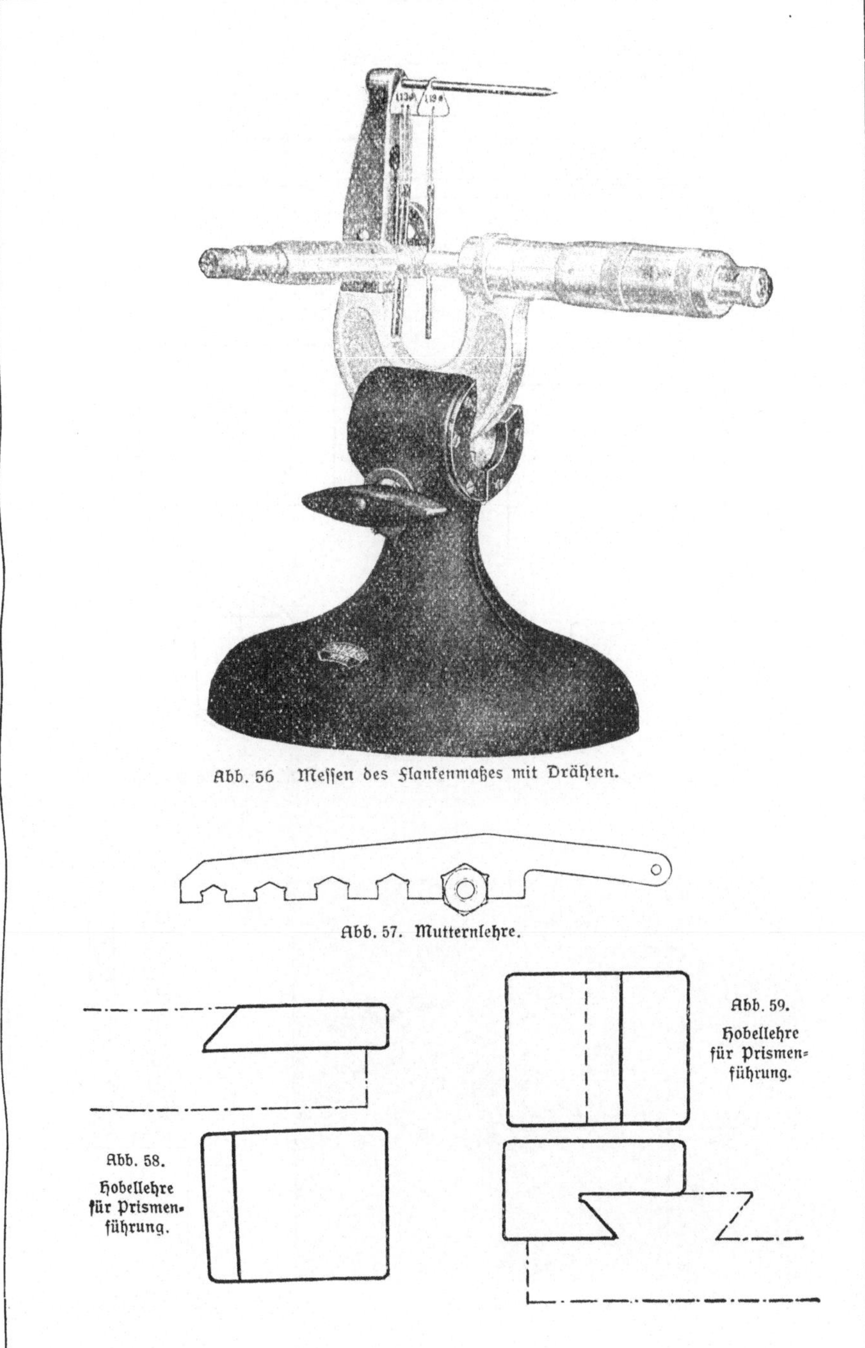

Abb. 56   Messen des Flankenmaßes mit Drähten.

Abb. 57. Mutternlehre.

Abb. 59.

Hobellehre
für Prismen=
führung.

Abb. 58.

Hobellehre
für Prismen=
führung.

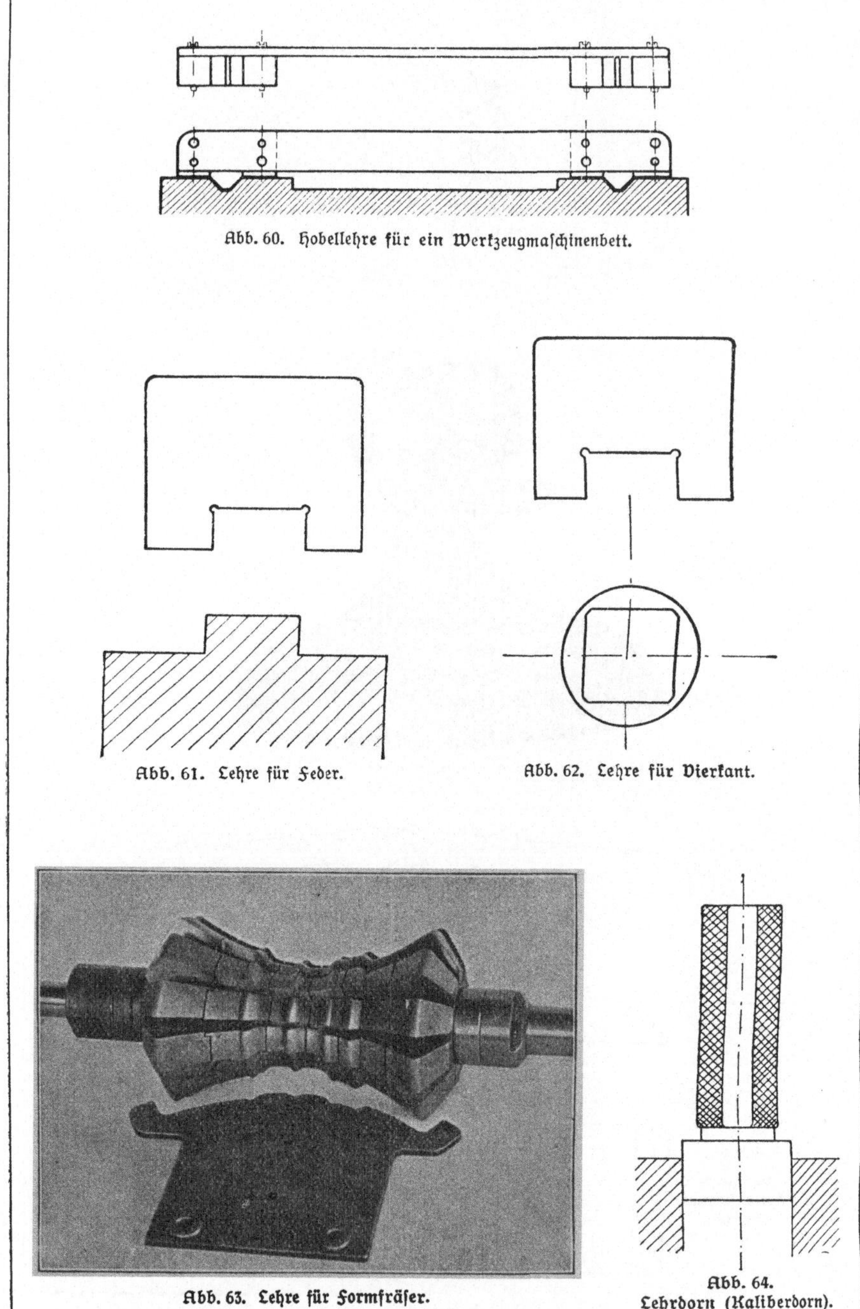

Abb. 60. Hobellehre für ein Werkzeugmaschinenbett.

Abb. 61. Lehre für Feder.

Abb. 62. Lehre für Vierkant.

Abb. 63. Lehre für Formfräser.

Abb. 64.
Lehrdorn (Kaliberdorn).

Art, die aus starkem Blech mit angeschraubten Stahlklötzen besteht (Abb. 60), können wir zur Prüfung eines Werkzeugmaschinenbettes auf Maßhaltigkeit verwenden.

Sonderlehren aus Stahlblech stellt sich der Maschinenbauer und Werkzeug=schlosser durch Herausarbeiten der betreffenden Form her. Beispiele hierfür sind die Lehre für eine Feder (Abb. 61), die Lehre für einen Vierkant (Abb. 62) und die Lehre für einen Formfräser (Abb. 63). An Stelle der in Abb. 61 und 62 dargestellten Lehren können wir auch Grenzrachenlehren anwenden.

Lochlehren. Haben wir den Durchmesser von Bohrungen zu prüfen, so be=nutzen wir Lehrdorne oder Kaliber=dorne nach Abb. 64. In der Massen=fertigung kommen aber die unten beschriebenen Grenzlehrdorne zur

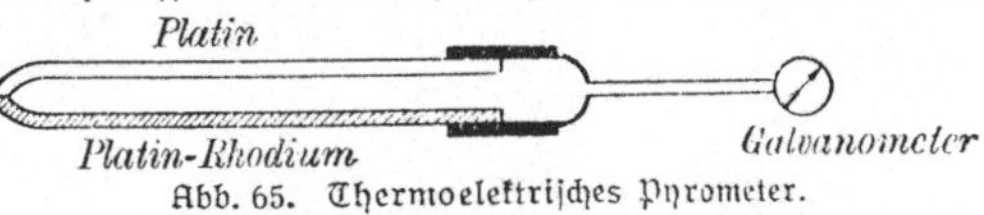

Abb. 65. Thermoelektrisches Pyrometer.

Anwendung. Sind sog. Sacklöcher, d. h. nicht durchgehende Löcher zu messen, so muß der Meßzylinder des zum Messen benutzten Kaliberdornes ein durchgehendes Loch oder eine Nut besitzen, damit die Luft aus dem Loch entweichen kann, die sonst zusammengepreßt die Messung verhindern würde.

Wärmemesser. Beim Schmieden, Härten und Gießen haben wir mit der Wärmemessung zu tun. Das bekannte Quecksilberthermometer kommt im allge=meinen nur für Temperaturen bis zu 360° zur Anwendung, da Quecksilber bei dieser Temperatur siedet. Beim Härten von Schnellschnittstahl z. B. kommen aber Hitzegrade bis 1400 in Frage. Ähnlich hohe Temperaturen kommen beim Schmelzen vor. Um sie zu messen, verwenden wir Pyrometer (Pyr = Feuer). Ein thermo=elektrisches Pyrometer (Abb. 65) wirkt z. B. folgendermaßen: Ein Draht aus Platin und ein solcher aus einer Legierung von Platin und Rhodium — Rhodium ist ein Edelmetall, das in Gemeinschaft mit Platin vorkommt — sind an einem Ende zu=sammengeschweißt. Die freien Enden der beiden Drähte sind leitend mit einem Galvanometer verbunden, das die Stromstärke eines galvanischen Stromes mißt. Erhitzt sich die Verbindungs=stelle der beiden Drähte, so fließt ein schwacher elektrischer Strom durch den Stromkreis. Je höher die Temperatur ist, desto stärker wird der Strom. Ein elektrisches Meß=instrument, Galvanometer genannt, zeigt die Stromstärke oder auch gleich die Temperatur in Celsiusgraden an.

Härteprüfer. Manche Werkstätten besitzen beson=dere Meßwerkzeuge, um die Härte eines Werkstückes zu prüfen. Ein solches Instrument ist der Härteprüfer (Abb. 66). Um die Härte eines Stückes zu prüfen, können wir zwar die Feile benutzen. Greift sie an, so ist das Arbeitsstück „weich“. Besser aber arbeitet der Härteprüfer. Er enthält einen kleinen Stahlzylinder mit einer Diamantspitze. Lassen wir den Hammer durch die Glasröhre auf das Werkstück fallen, so springt er infolge des Rückpralls wieder in die Höhe, und zwar um so höher, je härter das geprüfte Stück ist, z. B. bei reinem,

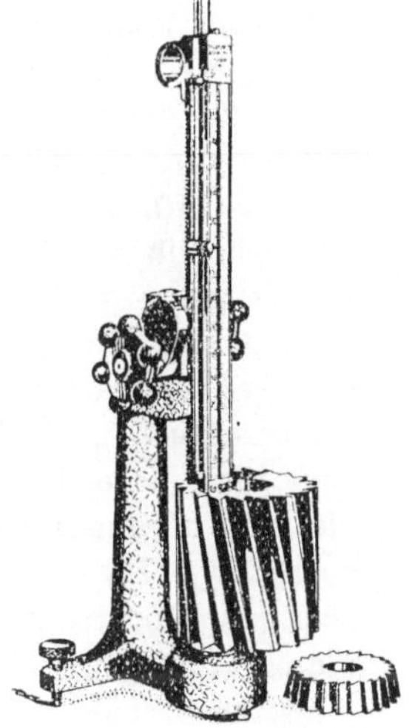
Abb. 66. Härteprüfer.

Abb. 67.
Grenzlehrdorn (geht hinein!).

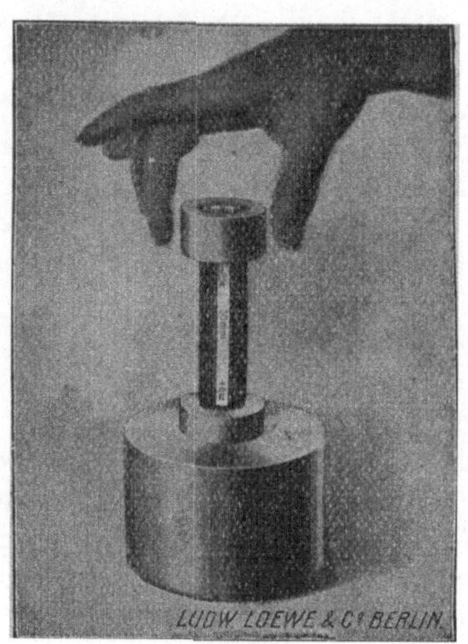

Abb. 68.
Grenzlehrdorn (geht nicht hinein!).

geglühtem Eisen bis Teilstrich 18, bei gehärtetem Werkzeugstahl bis 90 ÷ 110 der Skala.

Grenzlehren. In der Massenanfertigung verwenden wir Grenzlehren zum Messen von Wellen und Bohrungen. Haben wir z. B. Bohrungen zu messen, so bedienen wir uns des Grenzlehrdorns (Abb. 67 und 68). Dieser Grenzlehrdorn hat zwei Meßzylinder. Der eine ist im Durchmesser ein klein wenig kleiner als das verlangte Maß der Bohrung, der andere ein klein wenig größer. Der kleinere Meßzylinder muß beim Messen in die Bohrung hineingehen, der größere darf nicht hineingehen. Z. B. sollen wir eine Bohrung von 40 mm Φ messen. Unser Grenzlehrdorn für 40 mm trägt auf der einen Seite die Aufschrift + 0,025, auf der anderen Seite die Bezeichnung 0. Der eine Meßzylinder hat also einen Durchmesser von 40,025 mm, der andere einen solchen von 40 mm. Wenn der kleine Meßzylinder in die Bohrung hineingeht, der größere dagegen nicht hineingeht, so ist die Bohrung größer als 40 mm und kleiner als 40,025 mm. Sie wird also nicht viel von dem verlangten Maß 40 mm abweichen. Die „Toleranz" (vom lateinischen tolerare = dulden) ist in unserem Falle 40,025 — 40 = 0,025 mm. Sie kann natürlich, je nach dem Verwendungszweck des Stückes, auch größer oder kleiner sein. Je nach der Feinheit der Passungen, die sich auf den verschiedenen Toleranzen aufbauen, unterscheidet man vier Gütegrade: Edel-, Fein-, Schlicht- und Grobpassung. Die Lehren für die Edelpassung sind kornblumenblau, die für die Feinpassung schwarz, die für die Schlichtpassung gelb und die für die Grobpassung hellgrün gestrichen.

Ähnlich verhält es sich mit den Grenzrachenlehren (Abb. 69 und 70). Der eine Rachen ist größer, der andere kleiner als das verlangte Maß. Zeigt eine Rachen-

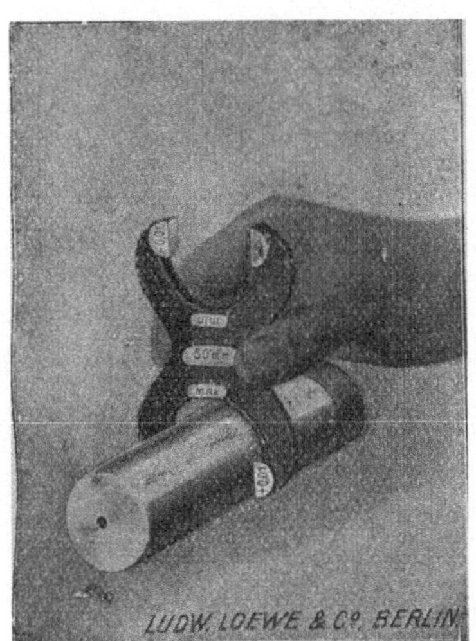

Abb. 69.
Grenzrachenlehre (geht hinüber!).

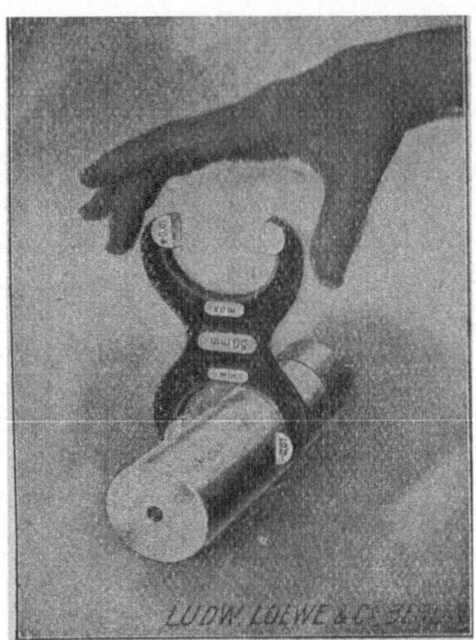

Abb. 70.
Grenzrachenlehre (geht nicht hinüber!).

lehre für 40 mm z. B. die Aufschriften + 0,009 auf der einen Seite, — 0,009 auf der anderen Seite, so bedeutet das, daß der kleinere Rachen 39,991 mm, der größere 40,009 mm weit ist. Der größere Rachen muß über die zu messende Welle hinüber= gehen, der kleinere darf es nicht. Auch hier sind die Toleranzen je nach dem Zweck der gemessenen Welle verschieden. Beispiele:

1. Eine Welle von 40 mm Φ soll in der dazu gehörigen Bohrung laufen. Damit sie es kann, muß sie auf alle Fälle kleiner als 40 mm sein. Wenn wir die Welle nach einer Rachenlehre herstellen, die auf der großen Seite — 0,025, auf der kleinen Seite — 0,05 mm aufweist, so wird ihr Durchmesser zwischen den Maßen 39,975 und 39,95 mm liegen.

2. Eine Welle von 40 mm Φ soll in der dazu gehörigen Bohrung haften, wie z. B. Zahnräder auf Arbeitsspindeln der Drehbänke. Die Welle wird also gleich stark oder sogar ein wenig stärker als 40 mm sein müssen. Die Rachenlehre, die wir in diesem Falle benutzen, hat z. B. die Toleranzen + 0,018 und 0 mm. Die nach ihr hergestellte Welle hat dann einen Durchmesser, der zwischen 40,018 und 40 mm liegt.

3. Eine Welle oder ein Bolzen von 40 mm Φ soll in eine Bohrung von 40 mm Φ so eingepaßt werden, daß sie nur unter Druck wieder herausgeht. Die in diesem Falle anzuwendenden Toleranzen sind z. B. + 0,035 und + 0,018. Das heißt: das Maß der fertigen Welle oder des Bolzens wird zwischen 40,035 und 40,018 Φ lie= gen. Es wird also größer sein als das Maß der Bohrung.

Wir haben somit drei verschiedene Passungen kennen gelernt, in Beispiel 1. den Laufsitz, in Beispiel 2. den Haftsitz, in Beispiel 3. den Festsitz. Der Normenaus= schuß der deutschen Industrie, der es sich zur Aufgabe gemacht hat, die Abmessungen, Bezeichnungen und Ausführungen anzufertigender Teile zu regeln, unterscheidet in

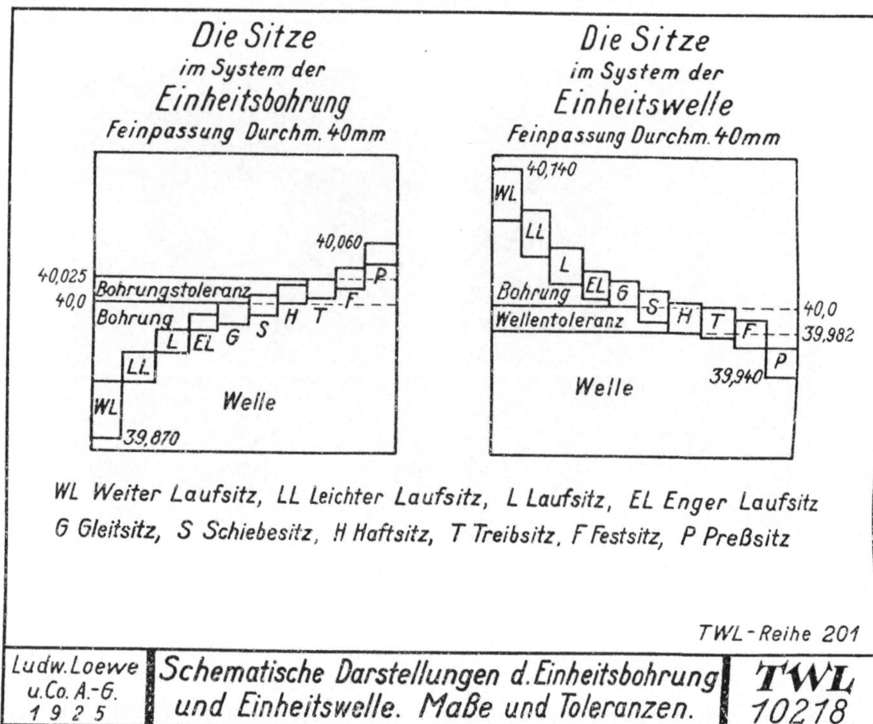

Abb. 71 u. 72.

der Hauptsache 2 Passungen: Bewegungssitze (weiter Laufsitz, leichter Laufsitz, Laufsitz, enger Laufsitz, Gleitsitz) und Ruhesitze (Schiebesitz, Haftsitz, Treibsitz, Festsitz, Preßsitz).

Bei allen drei Beispielen gingen wir von einer einheitlichen Bohrung aus, und die Rachenlehren hatten dann je nach den Passungen verschiedene Maße. In diesem Falle spricht man von einem System der Einheitsbohrung. Es ist natürlich auch möglich, die Abmessungen der Wellen einheitlich zu machen und Meßwerkzeuge für die Bohrungen mit verschiedenen Passungen zu versehen. Das wäre das System der Einheitswelle.

In Abb. 71 und 72 sind diese beiden Systeme schematisch für den Durchmesser 40 mm dargestellt. Wir sehen hieraus, daß die sogenannte Nullinie beim System der Einheitsbohrung die untere Begrenzungslinie der Bohrungstoleranz bildet, während sie beim System der Einheitswelle die obere Begrenzung der Einheits= welle darstellt. Auch Abb. 73 veranschaulicht uns das Wesen der Passungen und gibt uns Auskunft über die bei diesen Meßwerkzeugen gebräuchlichen Grundbegriffe.

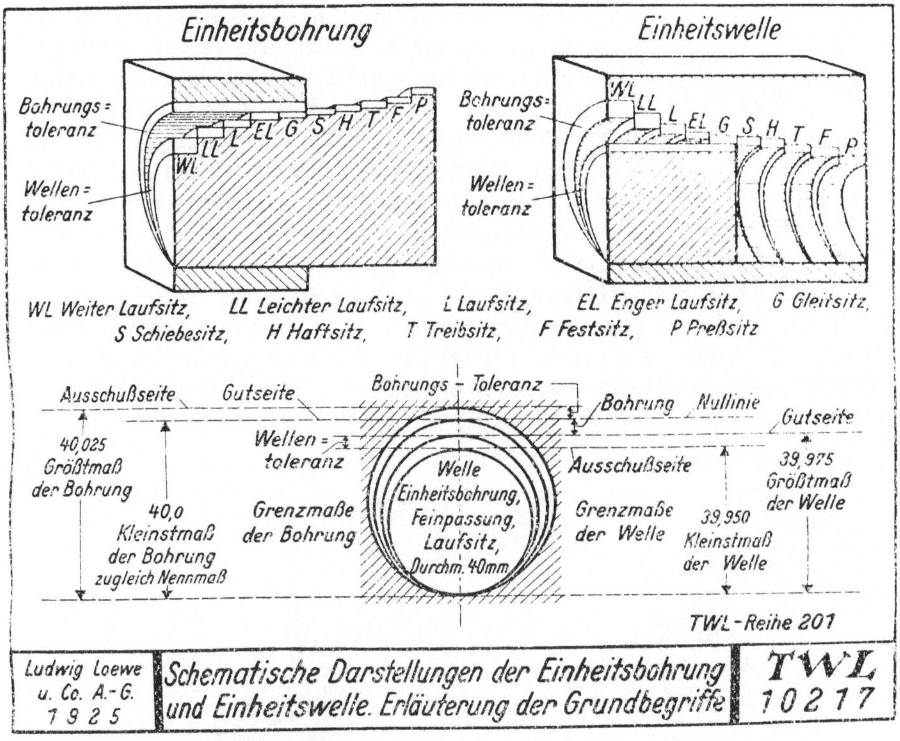

Abb. 73.

2. Das Anreißen.

a) Anreißwerkzeuge, Hilfswerkzeug und Materialien zum Anreißen.

Anreißwerkzeuge. Als Unterlage für die anzureißenden Werkstücke und die Anreißwerkzeuge benutzen wir in der Regel eine genau gehobelte Anreißplatte aus Gußeisen. Um Werkstücke auszurichten oder zu einer bearbeiteten Kante Linien anzureißen, verwenden wir Winkel verschiedener Art — z. B. den in Abb. 74 dar=

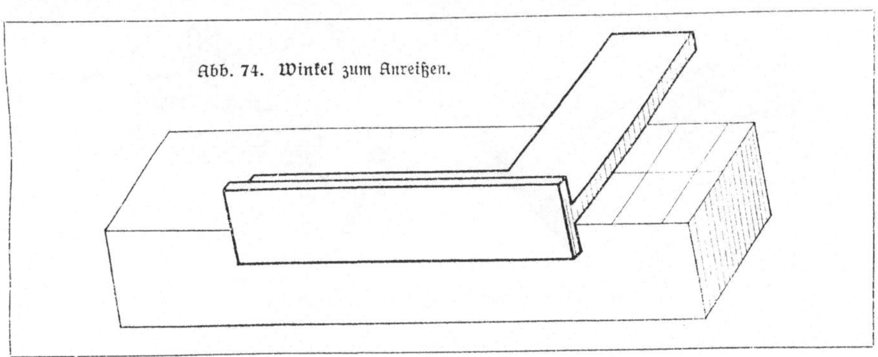

Abb. 74. Winkel zum Anreißen.

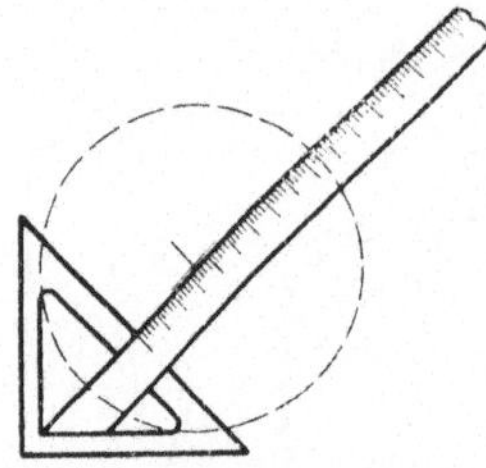

Abb. 75. Zentrierwinkel.

gestellten —. Stahlmaßstäbe ermöglichen uns genaues Messen. Die Maße, die die Zeichnung angibt, übertragen wir mit einem Spitzzirkel aus Stahl auf das Werkstück. Um die Linien, die wir mit der Reißnadel oder dem Zirkel auf dem Arbeitsstück ziehen, sichtbar zu machen, bestreichen wir dieses mit in Wasser gelöster Schlämmkreide, die natürlich erst getrocknet sein muß, bevor wir anreißen. Zuweilen genügt schon das Bestreichen mit einem Stückchen Kreide. Bearbeitete Stahlteile bestreichen wir zweckmäßig mit einer Kupfervitriollösung, die die gerissenen Striche deutlich erkennen läßt. Wenn wir Wellenenden u. dgl. nicht auf besonderen Zentriermaschinen ankernen können, so hilft uns der Zentrierwinkel (Abb. 75), den wir in der abgebildeten Weise an zwei verschiedenen Stellen des anzukernenden Stückes anlegen. Die kurzen Striche, die wir in der Gegend der Mitte mit der Reißnadel ziehen, geben den ge-

Abb. 76. Parallelreißer.

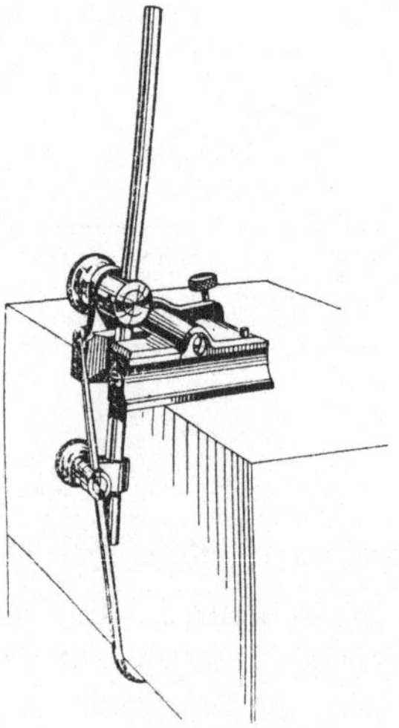

Abb. 77.

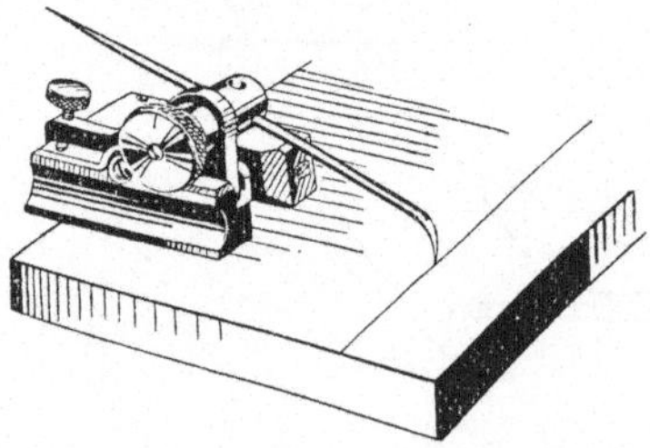

Abb. 78.

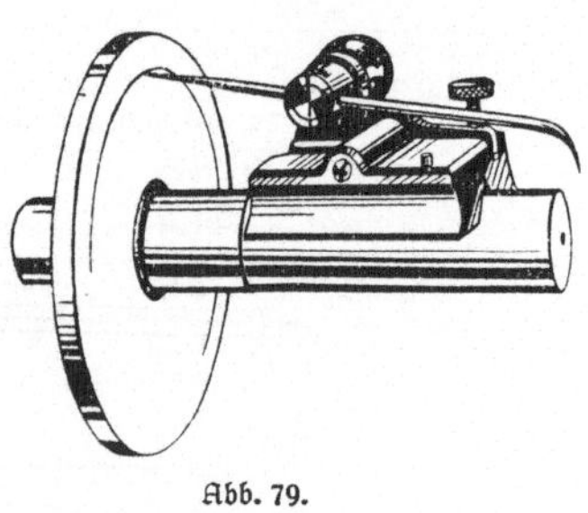

Abb. 79.

Abb. 77—79. Anwendung des Parallelreißers.

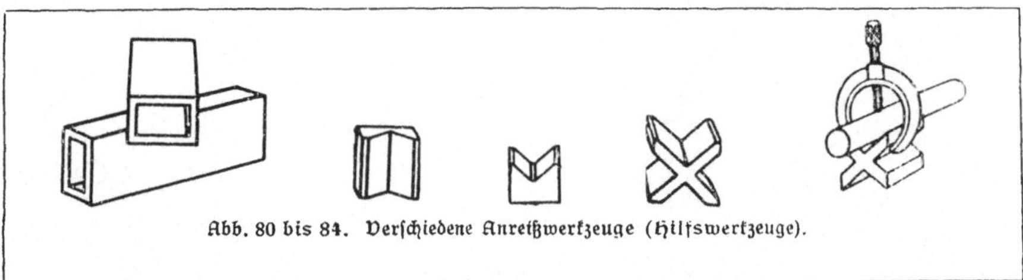

Abb. 80 bis 84. Verschiedene Anreißwerkzeuge (Hilfswerkzeuge).

nauen Mittelpunkt der Welle an. Den Parallelreißer (Abb. 76) stellen wir mit Hilfe eines senkrecht auf der Anreißplatte stehenden Maßständers auf genaues Maß ein — die Feinverstellung erfolgt durch vorsichtiges Klopfen an der Reiß= nadel des Werkzeuges — und übertragen auf diese Weise die Maße der Werk= zeichnung auf das Werkstück. Die Abbildungen 77 bis 79 zeigen Anwendungsbeispiele. Sind irgendwelche Teile des Arbeitsstückes zu unterstützen, so nehmen wir dazu Holzkeile, Endmaße oder Parallelstücke (Abb. 80), die wegen der leichteren Handhabung hohl gegossen sind. Damit runde Teile nicht fortrollen, legen wir sie beim Anreißen auf Prismenstücke aus Gußeisen oder Stahl und klemmen sie, wenn nötig, mit einem Bügel fest (Abb. 81 bis 84).

b) Anreißbeispiele.

Eine Stahlleiste nach Skizze (Abb. 85) ist zum Bohren anzureißen.

Wir reißen auf dem geweißten Stück mit der Reißnadel oder mit dem Parallel= reißer die Mittellinie der Länge nach an, tragen dann mit dem Spitzzirkel oder dem Parallelreißer die Maße 9,5 u. 51 mm ab, halten die Mittelpunkte der beiden Löcher durch Kernerschläge fest und schlagen mit dem Spitzzirkel Kreise von dem gewünschten Lochdurchmesser. Zur Kontrolle der auf das Anreißen folgenden Bohrarbeit schlagen wir um jeden Lochkreis einen zweiten, ein wenig größeren Kreis mit gleichem Mittelpunkt. Wir können auch mehrere Kernerschläge auf dem Umfang des Lochkreises anbringen, von denen nach dem Bohren ge= nau die Hälfte stehen bleiben muß (Abb. 86). Beim Ankernen ist zu beachten: Beim Ansetzen der Kernerspitze soll man das Oberteil des Kerners nicht gegen sich neigen (Abb. 87), weil man sonst den an= gerissenen Punkt schlecht sieht, sondern man soll den Kerner von sich fortneigen, die Spitze in den angerissenen Punkt hineindrücken, den Kerner aufrichten und dann erst schlagen (Abb. 88). Auch darf man den Kerner beim Draufschlagen nicht schief halten (Abb. 89), weil sonst die Spitze neben den vorgerissenen Mittelpunkt kommt und der Bohrer nachher verläuft, vielmehr soll man nach Abb. 90 ankernen.

Ein Doppelkrümmer nach Skizze ist zum Bohren anzureißen (Abb. 91).

Wir weißen die Flanschen, schlagen in die Öffnun= gen Bleimittel hinein, damit wir eine Stelle haben,

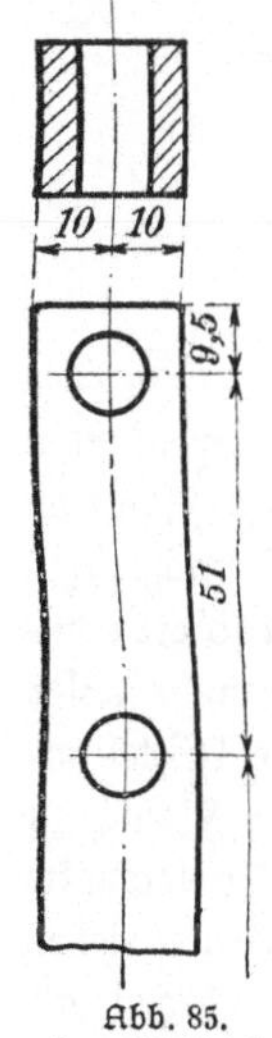

Abb. 85.
Anreißbeispiel.

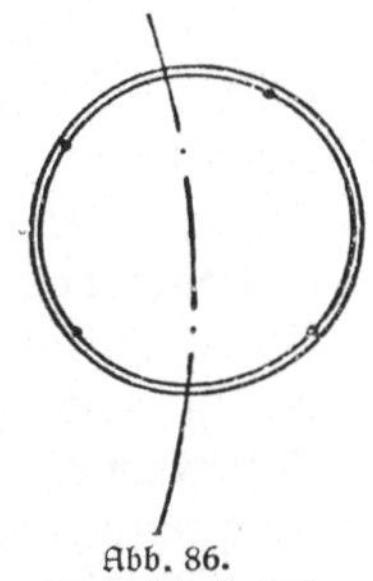

Abb. 86.
Kontrollkreis und
Kontrollkerner.

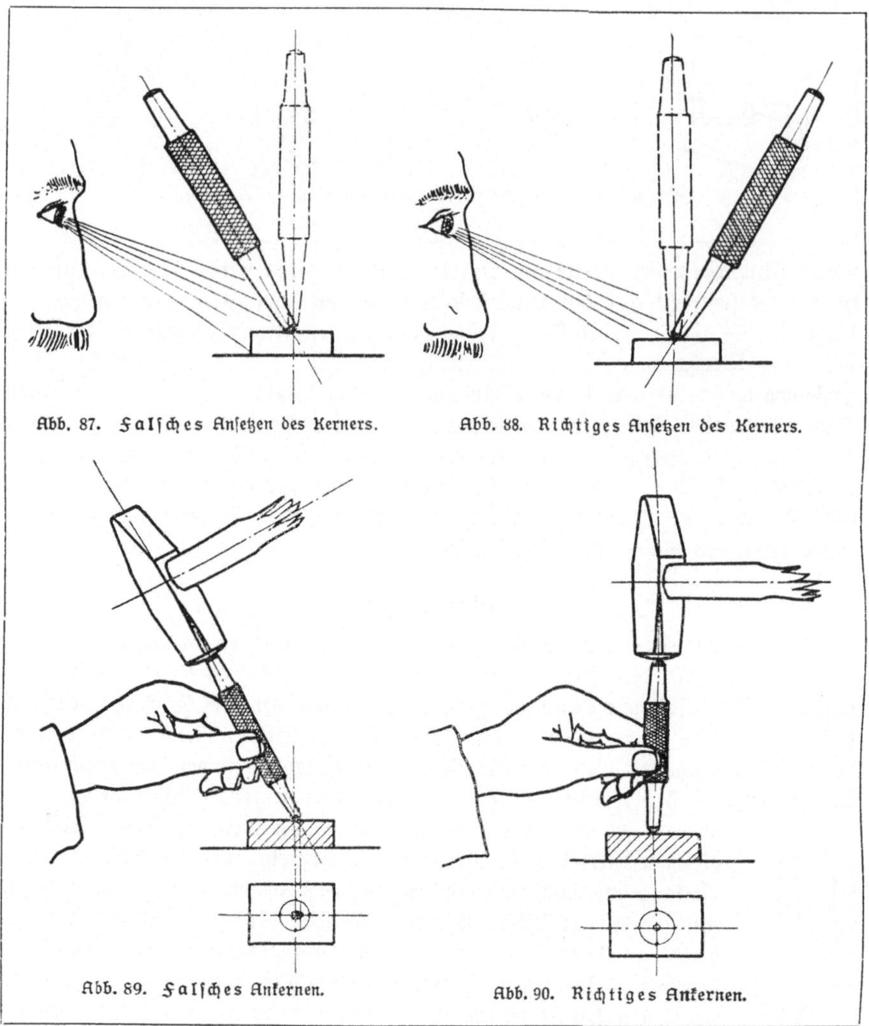

Abb. 87. Falsches Ansetzen des Kerners.   Abb. 88. Richtiges Ansetzen des Kerners.

Abb. 89. Falsches Ankernen.   Abb. 90. Richtiges Ankernen.

wo wir die Zirkelspitze einsetzen, legen das Werkstück mit den Flanschenaußenkanten auf die Anreißplatte und unterkeilen es mit Holzkeilen so weit, bis die Flanschen genau senkrecht zur Anreißplatte stehen, was wir mit einem Winkel nachprüfen können. Dann suchen wir die Mittelpunkte der Flanschenlöcher durch Probieren mit dem Zirkel von der Außenseite her und kernen die Punkte leicht an. Nunmehr stellen wir den Parallelreißer auf das Maß 115 ein und reißen die wagerechte Mittellinie an. Hiernach nehmen wir das Maß 275, die Entfernung von Mitte Flansch zu Mitte Flansch in den Zirkel oder den Stangenzirkel, legen die vorläufigen Mittelpunkte durch Ausgleichen endgültig fest und kernen sie kräftig an. Mit dem Winkel ziehen wir dann die senkrechten Mittellinien. Aus den Flanschenmittelpunkten schlagen wir mit 180 mm Durchmesser oder 90 mm Halbmesser zunächst nur andeutungsweise

Kreife für die Schraubenlöcher und kontrollieren dann mit dem Maßstab, ob der Durchmesser von 180 mm tatsächlich stimmt. Dann erst ziehen wir die Kreife vollständig. Hierdurch sind die Lochmitten auf den Mittellinien festgelegt. Von hier aus finden wir die rechts und links auf dem Lochkreis zunächst gelegenen dadurch, daß wir mit dem Halbmesser (= 90) Kreife um die gefundenen Lochmitten schlagen und darauf jeden der erhaltenen Mittelpunkte mit einem Kernerschlag anmerken. Mit dem Spitzzirkel reißen wir dann die Löcher an, besetzen sie mit Kernerschlägen und umziehen sie mit etwas größeren Kontrollkreifen.

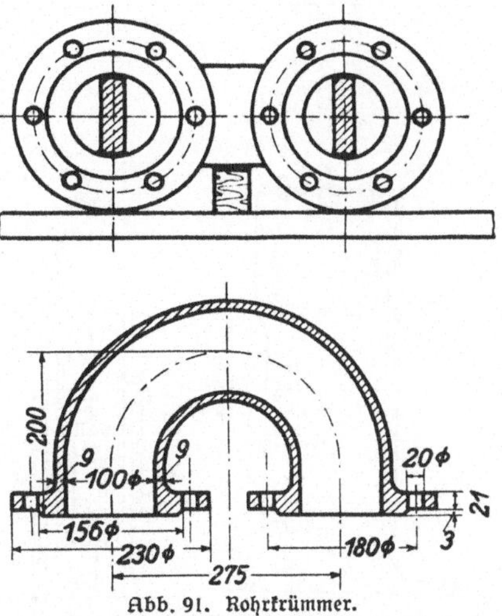

Abb. 91. Rohrkrümmer.

Eine Kurbel (Abb. 92) bereiten wir zum Anreißen in ähnlicher Weise vor. Die Löcher werden später aus dem Vollen gebohrt. Nachdem wir die Kurbel auf Unterlegstücke gelegt und nach dem Winkel auf der Anreißplatte ausgerichtet haben,

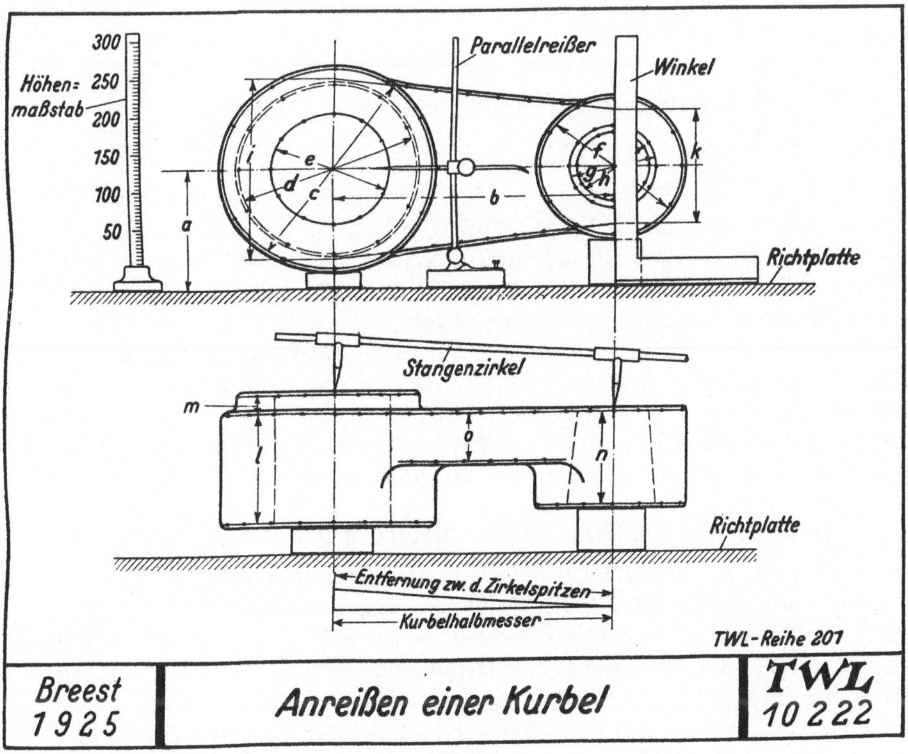

Abb. 92.

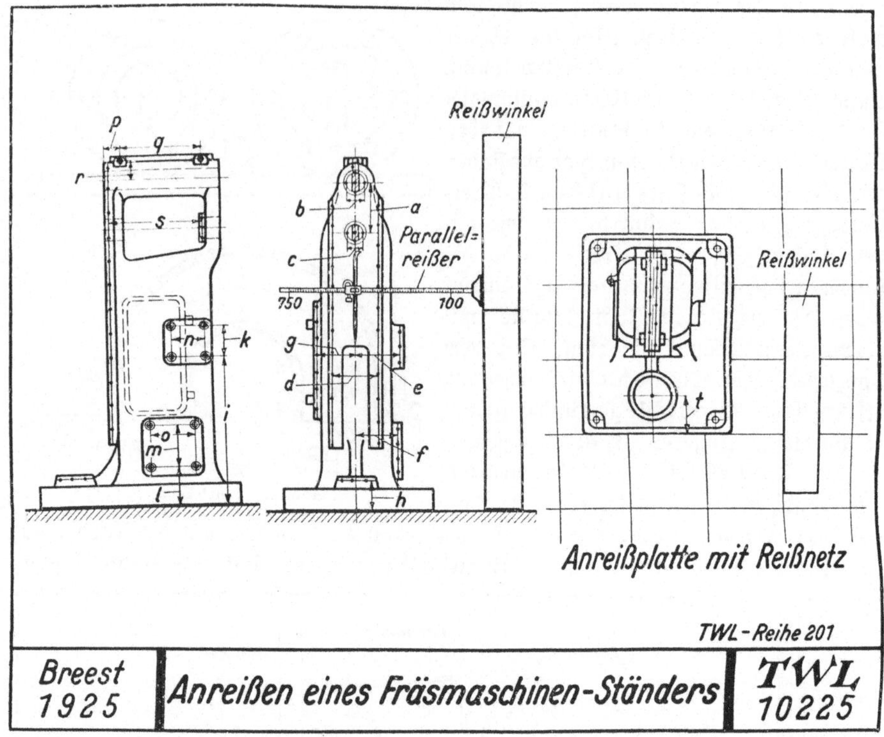

Abb. 93.

reißen wir in der Reihenfolge *a* bis *n* an und bringen auf den gerissenen Linien zahlreiche Kernerschläge an. Bei dem Maß *a* ist die Höhe der Unterlegstücke zu berücksichtigen. Auch haben wir zu beachten, daß das Maß *b* (Entfernung der Zirkelspitzen) größer sein muß als der Kurbelhalbmesser. Warum?

Schließlich wollen wir den Ständer einer Fräsmaschine anreißen (Abb. 93). Nachdem wir das Gußstück geweißt und in die vorgegossenen Löcher Mittel hineingeschlagen haben, stellen wir es auf die Anreißplatte, die hier ein vorgerissenes Liniennetz aufweist. Mit Hilfe von senkrecht auf der Anreißplatte stehenden Reißwinkeln reißen wir mit dem Parallelreißer zunächst die senkrechte Hauptmittellinie an, danach an Hand der Werkzeichnung die Maße *a* bis *t*.

c) Ersatz des Anreißens durch Schablonen und Vorrichtungen.

Schablonen. Haben wir z. B. auf einem Wellenende einen Sechskant anzureißen, so können wir uns die Arbeit in der Weise vereinfachen, daß wir eine Blechschablone (Abb. 94), die ein ausgeschnittenes Sechseck enthält, auf die geweißte Stirnseite der Welle auflegen und das Sechseck mit der Reißnadel nachziehen. Derartige Schablonen besitzt der Anreißer für eine ganze Reihe verschiedener Teile.

Vorrichtungen. Auch Bohrlehren ermöglichen erhebliche Zeitersparnis, da sie das Anreißen überflüssig machen. Außerdem werden in Bohrlehren hergestellte

Werkstücke viel genauer als angerissene und unter=
einander gleichmäßig, sie werden also austauschbar.
Man findet solche Vorrichtungen, zu denen außer den
Bohrlehren auch Fräs= und Hobellehren gehören, be=
sonders in der Massenfertigung.

Beispiel. Die in Abb. 85 dargestellte Stahlleiste
soll ohne Anreißen in einer Bohrlehre gebohrt werden.
Eine hierfür geeignete Bohrlehre ist in Abb. 95 dar=
gestellt. Sie besteht aus einem ⊓=förmigen Stück
Gußeisen oder Maschinenstahl, das einen Paßstift und

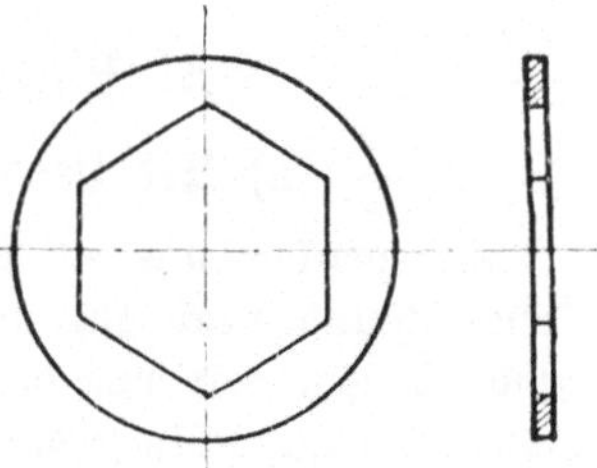

Abb. 94. Schablone zum Anreißen
von Sechskanten.

eine Druckschraube enthält, um die Werkstücke ein für allemal in der richtigen
Lage festzuhalten. Damit das Werkstück gut anliegt, ist der Paßstift geflächt
(Abb. 96). Die Stellen, an denen zu bohren ist, enthalten gehärtete und ge=
schliffene Bohrbuchsen aus Gußstahl (Werkzeugstahl). Wir brauchen nun den Bohrer
einfach in die Bohrbuchsen einzuführen und das Werkstück durchzubohren, nachdem
wir es richtig in die Bohrlehre eingespannt haben.

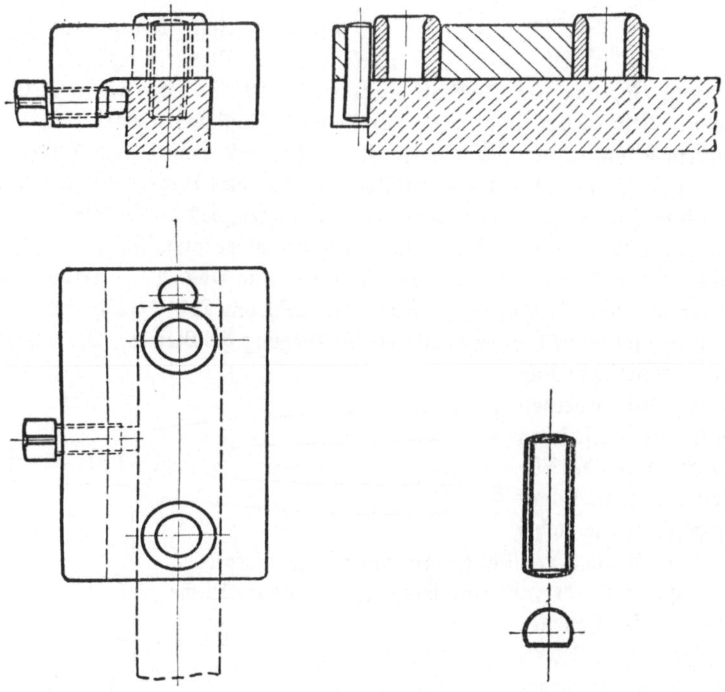

Abb. 95. Bohrvorrichtung für Stahlleisten.   Abb. 96. Geflächter Paßstift.

3. Biegen.

a) Arbeitsvorgang.

Wir denken uns ein Werkstück der ganzen
Längsrichtung nach aus einzelnen Fasern beste=
hend. Biegen wir nun das Stück (Abb. 97), so
werden die außen liegenden Fasern AA gezogen,
die innen liegenden Fasern BB gedrückt oder ge=
staucht, die sog. neutrale Faser in der Mitte

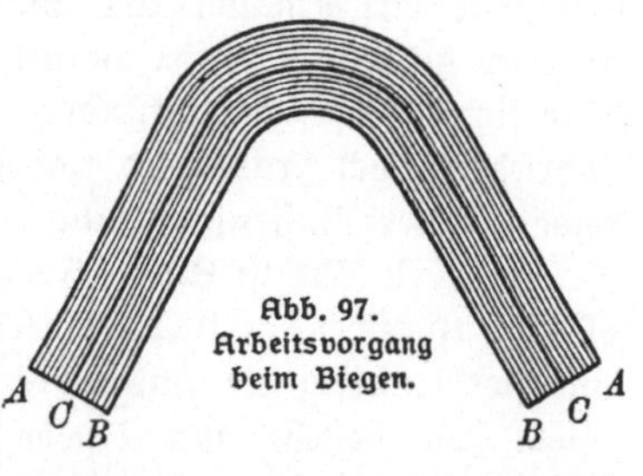

Abb. 97.
Arbeitsvorgang
beim Biegen.

CC wird weder gezogen noch gestaucht. Je weiter die Fasern AA und BB von
der Mitte entfernt sind, um so stärker ist die Dehnung oder Stauchung. Daher
kann es bei dicken Stücken sehr leicht vorkommen, daß sie außen einreißen und
innen zerdrückt werden. Besonders bei kalt gebogenen Stücken kann man diese Er=
scheinung zuweilen beobachten. Man benutzt sie daher bisweilen absichtlich zum
Zerteilen der Stücke. Will man sie vermeiden,
so dürfen die Querschnitte nicht zu dick sein.

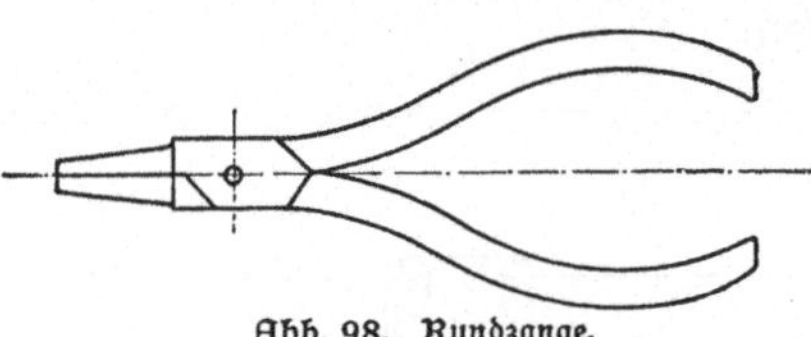

Abb. 98. Rundzange.

b) Anwendung.

Wir biegen kalt: Draht, um Federn zu
wickeln, Stäbe, Bleche u. dgl. dünnere Teile.
Voraussetzung ist, daß der Werkstoff nicht spröde ist. So läßt sich z. B. Gußeisen
nicht biegen. Wir biegen auch Rohre für Dampf, Flüssigkeiten oder Gase. Damit
keine Eindrücke entstehen, füllen wir sie vorher mit Sand oder Harz. Große
Werkstücke, z. B. Rohre über 1″ Φ, müssen wir vor dem Biegen erwärmen. Beim
Biegen geschweißter Rohre haben wir darauf zu achten, daß die Schweißnaht in der
neutralen Faser liegt, weil die Naht am wenigsten widerstandsfähig ist. Als Werk=
zeuge zum Biegen dienen Rundzange (Abb. 98) und Deckzange (Abb. 99). Die
Wirkungsweise einer Walzenbiegemaschine geht aus Abb. 100 hervor. Drei in
einem Ständer gelagerte Walzen bewirken die Biegung des Bleches. Die unteren bei=
den Walzen lassen sich in Rich=
tung der Doppelpfeile verstel=
len, so daß wir verschieden
starke Krümmungen des Ble=
ches herstellen können. Damit
wir auch geschlossene Rohre

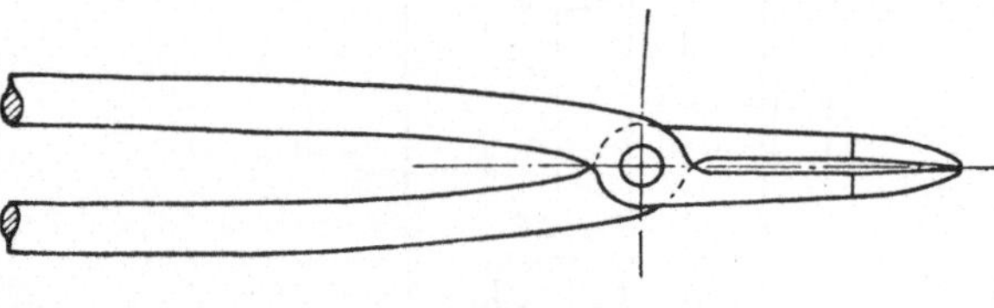

biegen können, ist die obere Walze herausnehmbar angeordnet.

Das Richten ist ebenfalls eine Biegearbeit. Kleine Bleche
richten wir mit Hammer
und Richtplatte, eine Arbeit,
die als Spannen bezeichnet
wird. Zum Richten größerer
Bleche dienen Blechrichtma=
schinen, die in ihrer Wir=

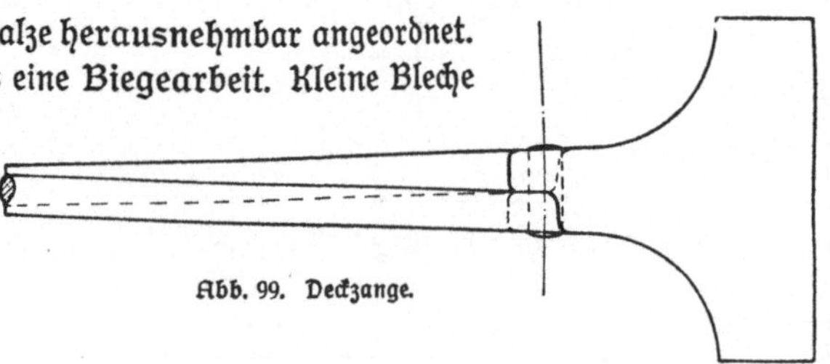

Abb. 99. Deckzange.

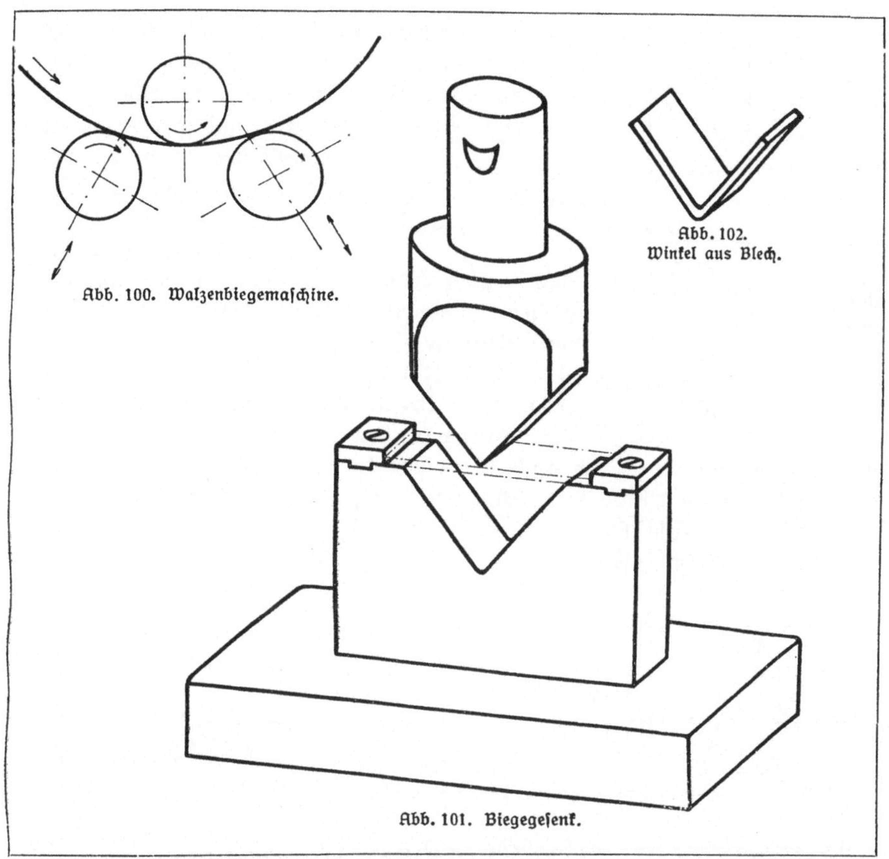

kungsweise einem Blechwalzwerk ähneln. Zum Richten von Draht verwenden wir Drahtrichtmaschinen, deren senkrecht und wagerecht liegende, nachstellbare Rollen den zwischen ihnen hindurchgezogenen Draht gerade biegen. In der Massenherstellung sind Biegegesenke (Abb. 101) am Platze. Haben wir z. B. Winkel aus Blech (Abb. 102) herzustellen, so legen wir den zugeschnittenen Blechstreifen auf die Matrize zwischen die Anschläge (Abb. 101). Der Stempel, der der inneren Form des Werkstückes entspricht, biegt bei seinem Niedergang das Stück in die gewünschte Form. Zuweilen befinden sich im unteren Teil der Matrize Federn, die das Werkstück selbsttätig auswerfen.

4. Ziehen, Drücken.

a) Ziehen.

Um dünne Drähte (unter 4—5 mm) herzustellen, die wegen der raschen Abkühlung nicht mehr gewalzt werden können, ferner zum Blankziehen von Stücken größeren Querschnitts, Wellen u. dgl., verwenden wir Zieheisen (Abb. 103). Das aus Stahl gefertigte Zieheisen enthält eine konische Ausbohrung. Diese ist beiderseits

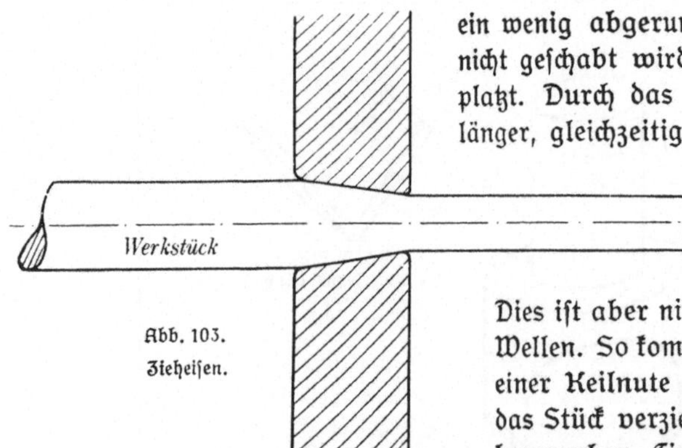

ein wenig abgerundet, damit das gezogene Werkstück nicht geschabt wird und das Zieheisen selbst nicht ausplatzt. Durch das Ziehen wird der Draht dünner und länger, gleichzeitig aber auch fester und spröder, da die Massenteilchen enger aneinandergepreßt werden. Um die Sprödigkeit wieder aufzuheben, müssen wir gezogene Werkstücke glühen. Dies ist aber nicht immer möglich, z. B. bei gezogenen Wellen. So kommt es denn vor, daß beim Einarbeiten einer Keilnute z. B. Spannungen frei werden und das Stück verziehen und unter Umständen unbrauchbar machen. Eine Maschine zum Ziehen zeigt Abb. 104 Die Schleppzangenziehbank trägt das Zieheisen. Der angespitzte und durch das Zieheisen hindurchgesteckte Draht wird von einer Zange gefaßt und mit Hilfe eines Windwerkes gezogen. Sehr feine Drähte, z. B. für Glühlampen, zieht man durch Ziehlöcher, die in Rubinen, Saphiren oder Diamanten angebracht sind.

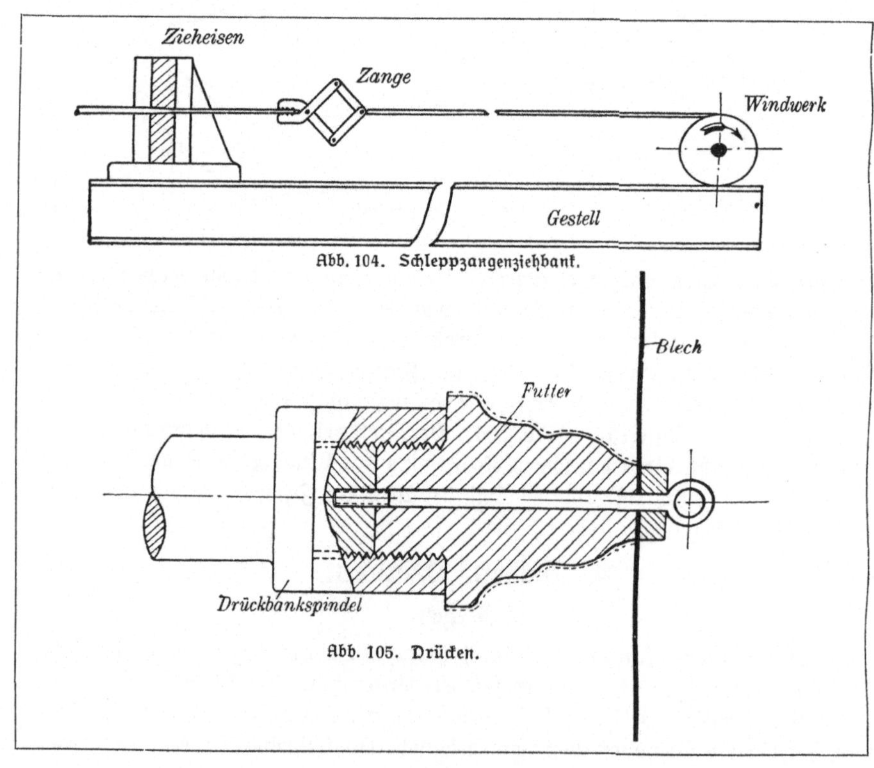

Abb. 104. Schleppzangenziehbank.

Abb. 105. Drücken.

b) Drücken.

Dünne Blechscheiben können wir durch Drücken in Formen bringen, wie sie in der Lampenfabrikation, bei der Herstellung optischer Instrumente u. dgl. gebraucht werden. Der Metalldrücker spannt das zu drückende Blech über ein Futter aus Hartholz oder Metall (Abb. 105) und drückt es mit einem Drückstahl aus poliertem Stahl in das Futter hinein, während dieses sich mit dem Blech dreht. Auch durch das Drücken entstehen infolge der Zusammendrängung der Massenteilchen Spannungen, die man durch Glühen beseitigen kann.

5. Die Spanbildung und das Trennen durch Meißeln, Sägen, Scheren, Stanzen, Lochen.

a) Die Spanbildung.

Beim Meißeln, Sägen, Feilen, Drehen und vielen anderen Arbeitsvorgängen heben wir Späne von dem Werkstück ab, um ihm die gewünschte Form zu geben. Die Schneidwerkzeuge, die wir zu diesem Zwecke verwenden, haben als Grundform den Keil. Ein schlanker Keil dringt leichter in den Werkstoff ein als ein dicker, er bricht aber auch leichter ab. Beim Schneiden dringt der Keil zunächst in der Nähe der Oberfläche in den Werkstoff, und der losgetrennte Teil, der Span, weicht nach der Seite des geringsten Widerstandes hin, also nach der Oberfläche und über diese hinweg, aus. Dabei gibt man dem Keil eine gewisse Neigung gegen die Oberfläche des zu bearbeitenden Werkstückes,

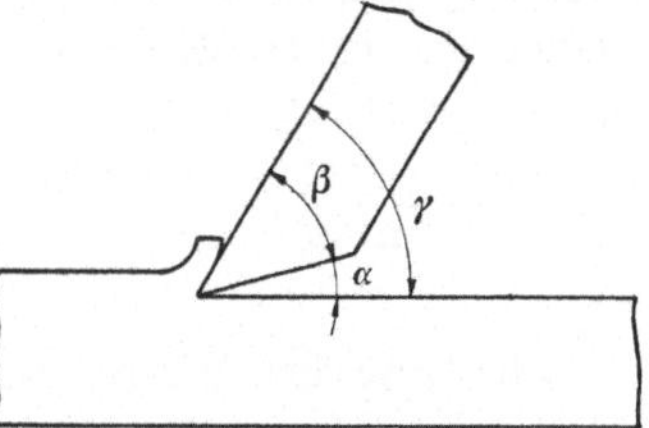

Abb. 106. Winkel am Stahl.

damit die Reibung zwischen Werkzeug und Werkstoff geringer wird (Abb. 106). Den auf diese Weise entstandenen Winkel α nennt man Anstellungswinkel oder Ansatzwinkel. Der Winkel β ist der Keil- oder Meißel- oder Zuschärfungswinkel, und der aus α und β zusammengesetzte Winkel γ heißt Schneidwinkel. Verändern wir durch andere Anstellung des Meißels den Winkel α, so verändert sich damit auch der Winkel γ. Wird α z. B. größer, dann wird die Reibung zwischen Werkstück und Stahl kleiner, gleichzeitig wird aber der Schneidwinkel γ größer, und das Material läßt sich wegen des größeren Widerstandes schwerer abtrennen, d. h. es können nur kleine Späne genommen werden. Die Schneidkante ist niemals haarscharf, sondern immer etwas abgerundet, weil man genau scharfe Kanten nicht herstellen kann. Beim Eindringen eines Schneidstahles in den Werkstoff geschieht nun folgendes (Abb. 107). Der Stahl drückt einen Teil des Werkstoffs ein wenig zusammen. Dieser kommt hinter der Schneide federnd wieder hoch. Daher ist eine mit Schneidwerk-

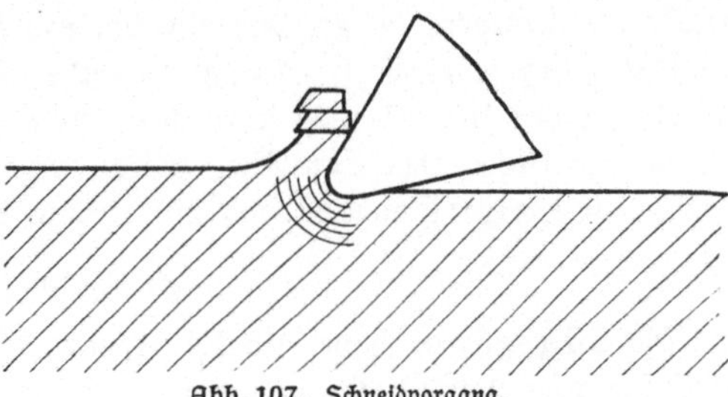

Abb. 107. Schneidvorgang.

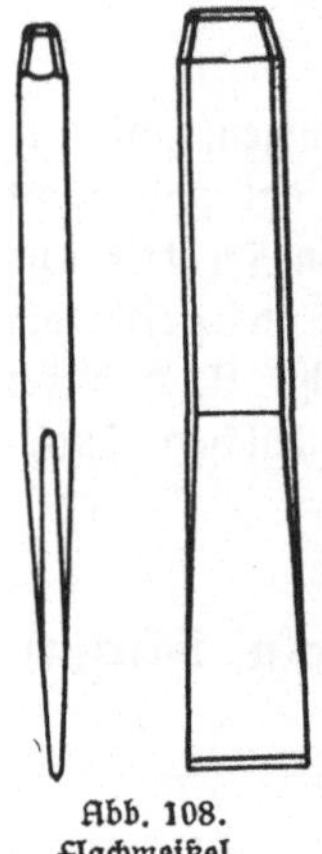

Abb. 108.
Flachmeißel.

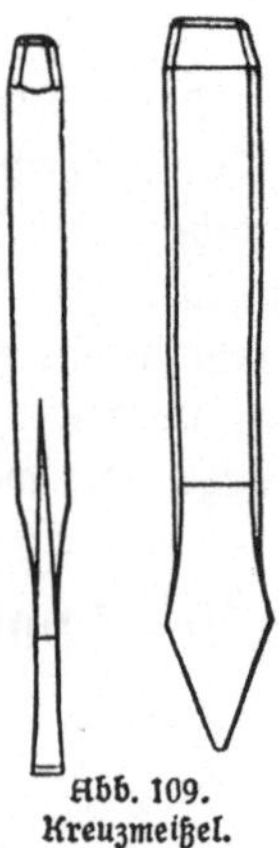

Abb. 109.
Kreuzmeißel.

zeugen bearbeitete Oberfläche selten glatt. Außerdem bekommt ein durch solche Werkzeuge bearbeitetes
Stück Spannungen, die auf die Zusammendrängung
der Massenteilchen zurückzuführen sind. Den Span
können wir uns folgendermaßen entstanden denken.
Die Stahlbrust staucht den Werkstoff — aus diesem
Grunde ist der Span stets kürzer als die Strecke, von
der er abgetrennt ist —, schiebt ihn vor sich her und
schert ihn dann in Richtung senkrecht zur Stahlbrust
ab. Dieser Vorgang wiederholt sich während der
ganzen Dauer der Spanabnahme. Ist der Werkstoff
spröde, so spritzen die losgetrennten Teilchen fort,
wie z. B. bei Gußeisen, ist er zähe, so hängen die
einzelnen Molekülgruppen, die sich brockenweise an
der Werkzeugbrust hochschieben, noch lose zusammen
(Stahlspäne). Daß der Zusammenhang nur noch lose ist, können wir daraus schließen,
daß wir die Späne leicht zerbrechen können. Infolge der Reibung bei der Spanabhebung entsteht Wärme. Daher sind abgetrennte Späne heiß. Stahlspäne laufen
infolge der starken Erwärmung sogar an. Auch das Werkzeug erwärmt sich, glüht
aus und verliert, wenn es aus gewöhnlichem Werkzeugstahl besteht, seine Schneidhaltigkeit. Um dies zu vermeiden, kühlt man häufig die Werkzeugschneide mit Seifenwasser, Öl u. dgl.

b) Das Meißeln.

Mit Hilfe der Meißel entfernen wir die Gußnaht, trennen wir Eisen- und
Metallteile, schlagen wir Nuten, entfernen wir Nietköpfe und führen wir sonstige
Trenn- und Spanabhebearbeiten aus, wenn für diesen Zweck nicht Werkzeugmaschinen vorhanden sind. Meißeln ist zeitraubend, daher kostspielig.

Abb. 108 zeigt den Flachmeißel. Die Schneide hat dieselbe Breite wie der
Schaft. Der Meißel muß aus zähem Werkzeugstahl bestehen, damit er nicht ausbricht. Aus demselben Grunde bleibt der Meißelkopf ungehärtet. Bart, der sich
beim Schlagen bildet, muß entfernt werden. Der Kreuzmeißel (Abb. 109) hat
eine schmale Schneide. Er ist mit Rücksicht auf die Festigkeit in der Mitte breit gehalten. Wir verwenden den Kreuzmeißel, um Nuten einzuhauen oder um runde
Löcher zu viereckigen auszuhauen.

Beim Meißeln treten häufig Unfälle ein. Außer der Hand sind die Augen
gefährdet. Längere Meißel sind ein besserer Schutz für die Hand als kurze, weil
bei Benutzung jener die Hand nicht so nahe am Arbeitsstück liegt und daher beim
Abrutschen des Meißels nicht so rasch aufschlägt. Um die Augen zu schützen, tragen
wir Schutzbrillen. Damit die Mitarbeiter nicht von abgetrennten Teilchen getroffen
werden, stellen wir Wände aus engem Drahtgeflecht oder Segeltuch vor das Werkstück.

c) Sägen.

Die Sägezähne haben Ähnlichkeit mit dünnen Meißeln. Sie können nur geringe Schichten vom Werkstoff abnehmen, da sie so klein sind. Damit die Arbeit rascher

vonstatten geht, sind zahlreiche Meißelchen oder
Zähne hintereinander angeordnet (Abb. 110). Die
Zahnlücken zwischen den Zähnen haben die Aufgabe,
die abgetrennten Späne aufzunehmen. Sind die
Späne klein, wie bei der Metallbearbeitung, so
können die Zähne dichter stehen; sind sie groß, wie
bei der Holzbearbeitung, dann müssen auch die
Zahnlücken größer sein. Damit die Sägen sich nicht
klemmen, sondern frei schneiden, sind die Zähne

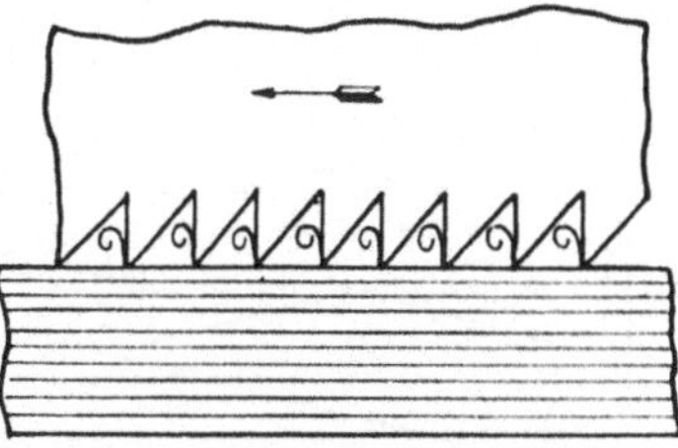

Abb. 110. Wirkungsweise der Säge.

entweder verstärkt (Abb. 111), z. B. durch Stauchen, oder geschränkt, d. h. abwech=
selnd nach links und nach rechts gebogen (Abb. 112) oder, wie es bei Kreissägen ge=
schieht, hohlgeschliffen (Abb. 113). Die Sägeblätter werden aus gutem Stahlblech
hergestellt. Die Zähne werden mitunter eingefeilt, gestanzt oder meistens eingefräst.
Die Blätter werden entweder ganz glashart gehärtet, oder der Rücken bleibt weich
— er ist dann zäher — und nur die Zähne werden gehärtet.

Das Sägeblatt muß straff gespannt sein, damit es nicht bricht. Die Zähne
müssen in der Angriffsrichtung schneiden. Zum Spannen dient der Sägebogen.
Vorteilhafter als die Handsägen sind die verschiedenen Maschinensägen.

d) Scheren.

Winkelschere. Diese Schere ähnelt der Schere, die wir im Haushalt benutzen.
Versuchen wir etwa ein Stück Holz (runden Bleistift oder dgl.) mit einer solchen
Schere dicht am Drehpunkt der beiden Scherblätter zu schneiden, so merken wir, daß
dieses Holz sich erst ein ganzes Stück vorschiebt, bevor es sich festklemmt und ge=
schnitten wird. Woher kommt dies? Die beiden Scherenblätter drücken auf das Werk=
stück. Die Kräfte, die hierbei auftreten, sind in Abb. 114 zeichnerisch durch K_1 und K_2
wiedergegeben. Nun wissen wir, daß ein Körper, an dem zwei Kräfte in verschie=
dener Richtung angreifen, sich weder ganz nach der einen, noch ganz nach der an=
deren Richtung hin bewegt, sondern einen Mittelweg einschlagen wird. Diesen Weg
kann man feststellen, wenn man die beiden Kraftstrecken K_1 und K_2 zu einem Paral=

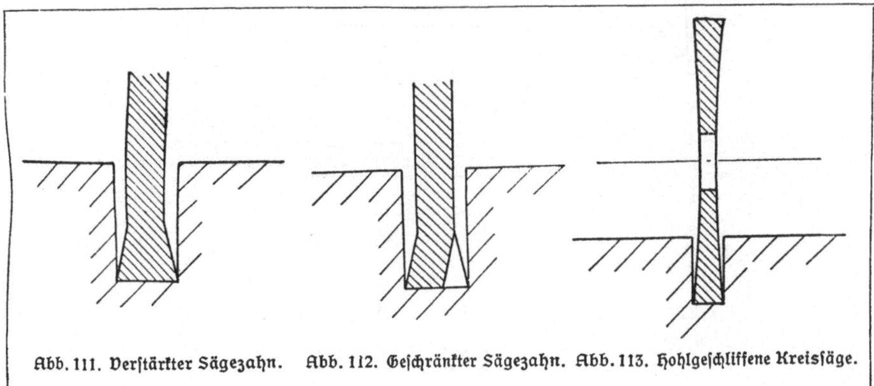

Abb. 111. Verstärkter Sägezahn.   Abb. 112. Geschränkter Sägezahn.   Abb. 113. Hohlgeschliffene Kreissäge.

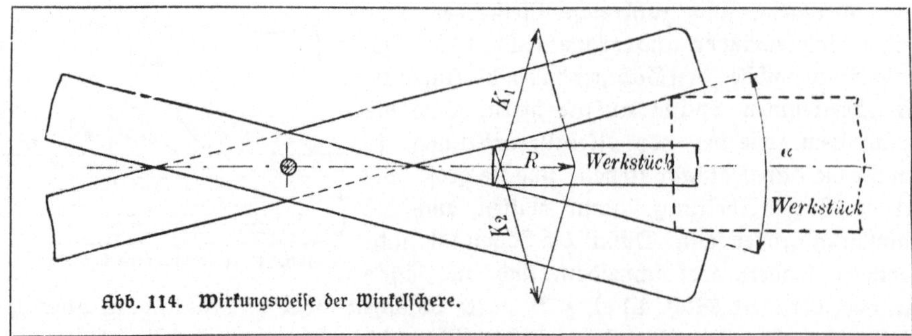

Abb. 114. Wirkungsweise der Winkelschere.

lelogramm ergänzt. In diesem Parallelogramm gibt die Diagonale R die Richtung an, in der sich der Körper bewegen muß. Gleichzeitig zeigt die zeichnerische Darstellung aber auch, daß die Kraft R kleiner ist als die Kräfte K_1 und K_2 zusammengenommen. Ein zwischen den Schenkeln dieser Schere liegendes Werkstück wird also durch die Kraft R so lange nach außen geschoben, bis die Reibung zwischen dem Stück und den Schneiden größer wird als die herausschiebende Kraft R. Man hat festgestellt, daß dieser Zustand eintritt, wenn der Schneidwinkel der Schere

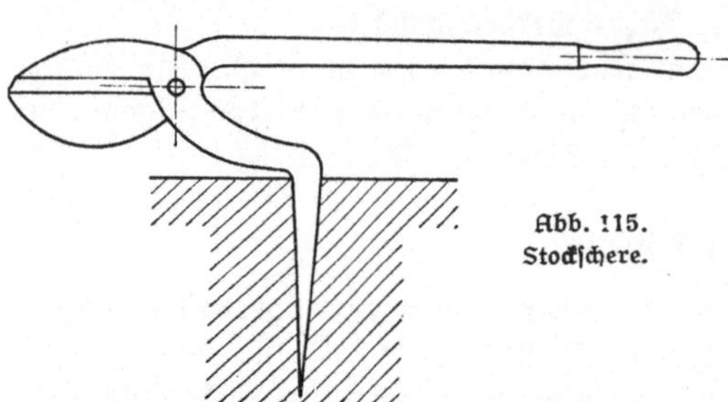

Abb. 115.
Stockschere.

α kleiner ist als 15^0. Man macht ihn in der Praxis 9^0 bis 14^0. Diese Schere wirkt wie viele unserer Werkzeuge als zweiarmiger Hebel, dessen Unterstützungspunkt im Drehpunkt liegt. Hat man stärkere Stücke zu trennen, so muß man den Hebelarm, an dem die Kraft angreift, verlängern, wie z. B. bei der Stockschere (Abb. 115.)

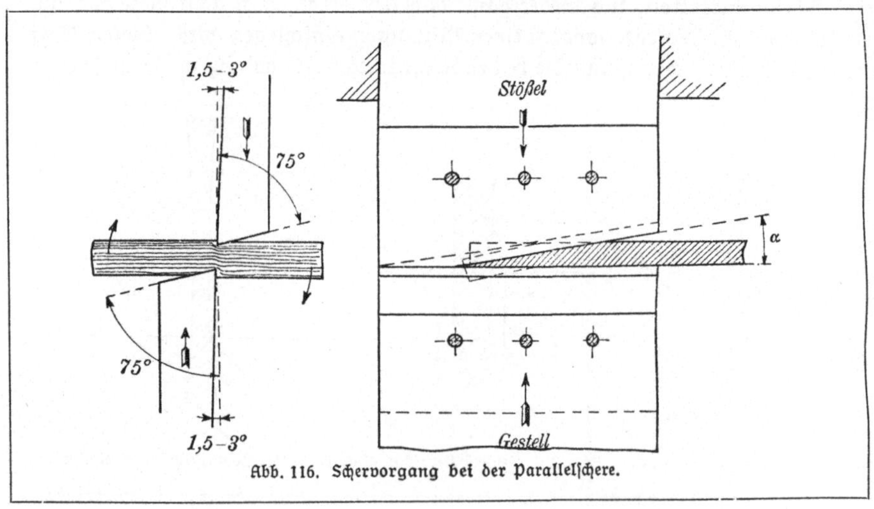

Abb. 116. Schervorgang bei der Parallelschere.

Die **Parallelschere** (Abb. 116) ist besonders zum Trennen stärkerer Werkstücke oder Werkstoffe geeignet. Das untere Scherblatt ist in der Regel am Maschinen= körper befestigt und steht wagerecht. Das obere steht zum unteren geneigt und läßt sich senkrecht auf= und abwärts bewegen. Es ist aus dem Grunde geneigt, damit es nach und nach in den Werkstoff eindringt, nicht auf einmal in ganzer Breite. Diese allmähliche Kraftäußerung ist für die Maschine und für die Arbeit günstiger als plötzliche, stoßartig auftretende Bean= spruchung. Ferner bleibt der Winkel α, den die beiden Schneiden miteinander bilden, stets gleich groß, ganz gleich, wie stark das zu trennende Material ist. Sieht man sich nun einmal die Schere beim Schneiden von der Seite an (Abb. 117), so erkennt man, wie die obere Schneide das Werkstück rechts nach unten drückt, die untere aber links nach oben. Die Pfeile K_1 und K_2

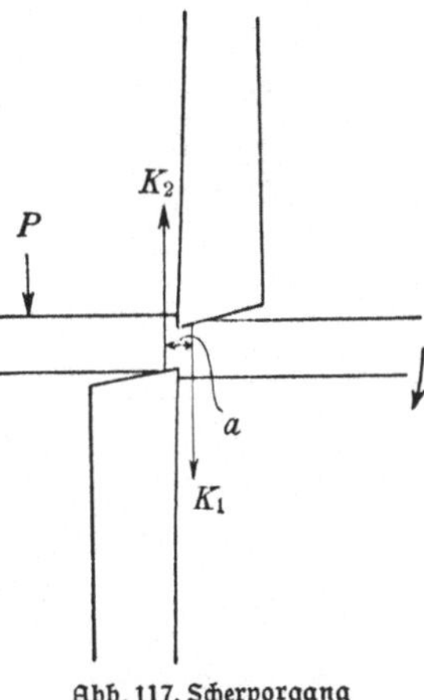

Abb. 117. Schervorgang bei der Parallelschere, von der Seite gesehen.

zeigen die Lage dieser beiden Druckkräfte. Sie sind um die Strecke a voneinander entfernt. Das Drehbestreben ist um so größer, je größer die Kräfte K und je größer die Strecke a ist. Damit das Werkstück nicht umschlägt, müssen wir es festhalten. Hierzu reicht bei leichteren Stücken die Hand aus, bei schwereren ist eine besondere Vorrichtung, der Niederhalter, erforderlich.

e) Lochen und Stanzen.

Zum Kaltlochen von Hand verwenden wir den Durchschlag von zylindrischer oder eckiger Form (Abb. 118). Zur Maschinen= arbeit benutzen wir Stempel von verschiedenem Querschnitt. Ein Lochstempel ist in Abb. 119 dargestellt. Durchschlag und Stempel wirken ähnlich wie die Schere. Auch hier dringt eine Schneide in das Material, staucht die einzelnen Fasern, biegt sie dann und dehnt sie soweit, bis sie ab= reißen. Im Gegensatz zur Schere bildet die Schneide dieser Werkzeuge eine geschlos= sene Linie (Kreis, Rechteck,

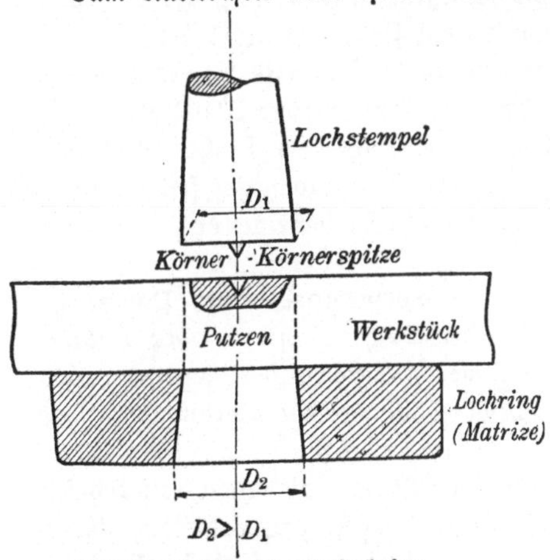

Abb. 119. Lochstempel und Lochring.

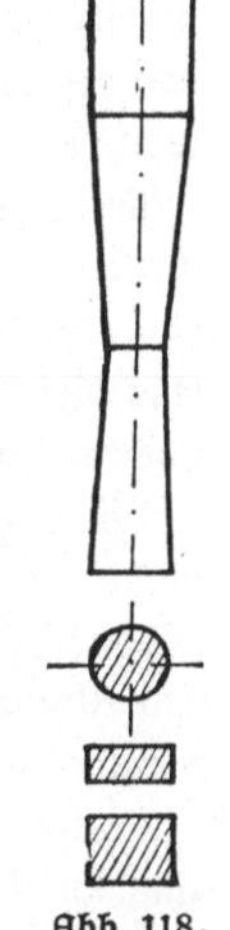

Abb. 118. Durch= schläge.

Quadrat usw.). Die zweite Schneide wird durch die Umrisse des Loches in der Unterlage gebildet (Abb. 119). Dieser Lochring heißt auch Matrize oder Gegen= schnitt. Das Loch im Gegenschnitt ist nach unten erweitert, damit der Stempel

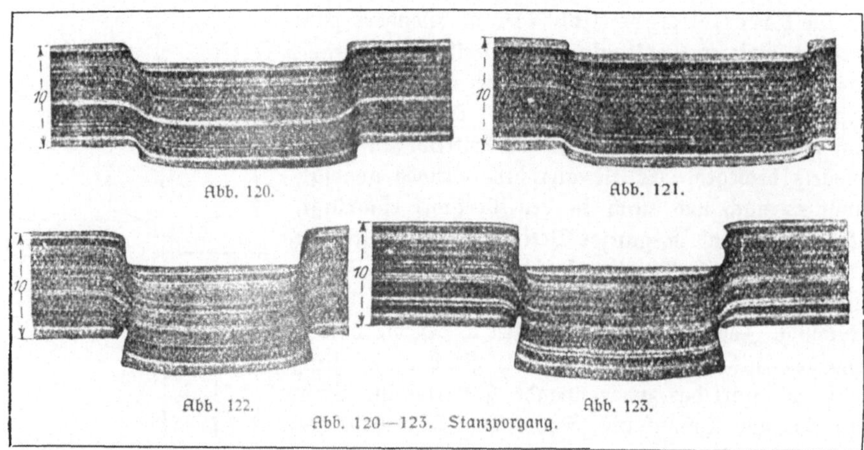

Abb. 120.　　Abb. 121.

Abb. 122.　Abb. 120—123. Stanzvorgang.　Abb. 123.

sich nicht klemmt und der Putzen oder Lochkern besser austreten kann. An Stelle einer Matrize verwenden wir bei einfacheren Locharbeiten auch ein Stück Hirnholz, Bleiplatten oder Zinnplatten als Unterlagen, um Beschädigungen des Werkzeuges zu vermeiden.

Den Stanzvorgang erkennen wir aus den Abb. 120—123. Die Abbildungen zeigen Bleche von 10 mm Stärke beim Stanzen kreisförmiger Löcher. In Abb. 120 sehen wir den Beginn des Stanzvorgangs. Die Fasern des Werkstoffes, der im Querschnitt dargestellt ist, sind in der Nähe des Lochrandes gebogen. In Abb. 121 ist die Verzerrung der Fasern weiter fortgeschritten, in Abb. 122 erkennen wir bereits das Einreißen der unteren Fasern, bis schließlich in Abb. 123 die Trennung der gesamten Werkstoffasern erfolgt ist und sich ein Putzen gebildet hat, der bei weiterem Vordringen des Stempels ausgestoßen wird. Gestanzte Löcher sind nie= mals so sauber wie gebohrte Löcher, weil sich beim Abreißen der Werkstoffaser ein Grat bildet. Auch sind die Werkstoffteilchen in der Nähe des Loches stark aus= einandergezerrt, und damit ist der Werkstoff an diesen Stellen weniger fest geworden. Aus diesem Grunde stellt man auch Löcher für Dampfkesselbleche u. dgl. nicht durch Lochen, sondern durch Bohren her.

Zum maschinellen Lochen befestigt man den Lochstempel, auch Patrize ge= nannt, in dem auf= und abgehenden Stößel der Lochmaschine oder Stanze (Abb. 124), die Matrize in einer Froschplatte, die durch Schrauben zentriert wird. Ein Abstreifer hält das Werkstück nieder, wenn es infolge der Reibung mit dem Stempel hochgeht.

Schnitte und Stanzen. In der Massenherstellung verwenden wir Schnitte zum Ausstanzen von Scharnieren, Beschlägen, Messerklingen, Fahrradteilen, Uhren= teilen und vielen anderen Stücken. Beispiele für solche Schnitte sind in Abb. 125 und 126 dargestellt. Das Werkzeug in Abb. 125 dient zum Ausstanzen von Plättchen. Der Schnittstempel hat daher an seinem unteren Ende die Form dieser Plättchen. Der Stempel paßt in den entsprechenden Ausschnitt der Führungsplatte, die auf die Schnittplatte aufgeschraubt ist. In der Führungsplatte bewegt sich der

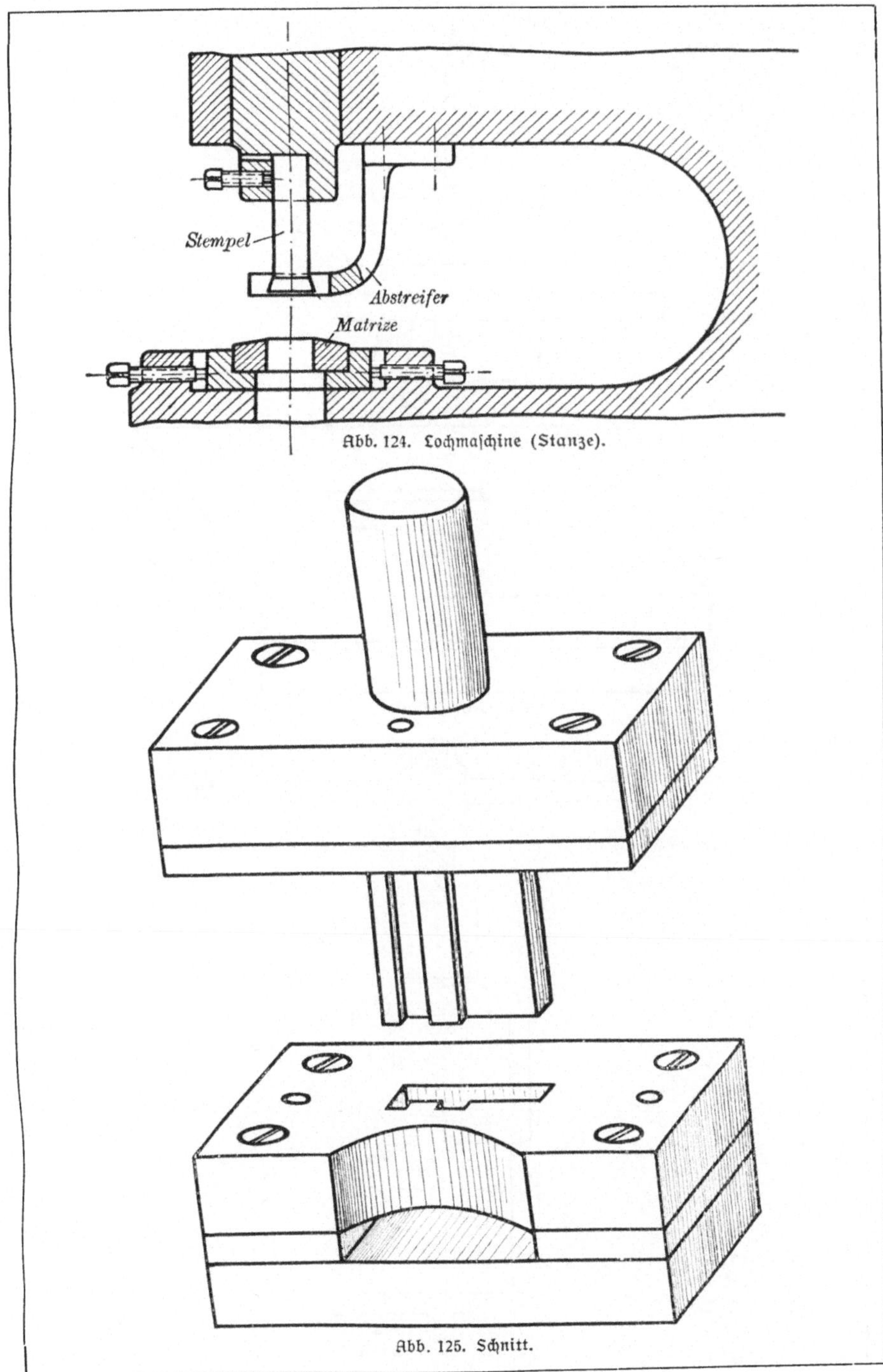

Abb. 124. Lochmaschine (Stanze).

Abb. 125. Schnitt.

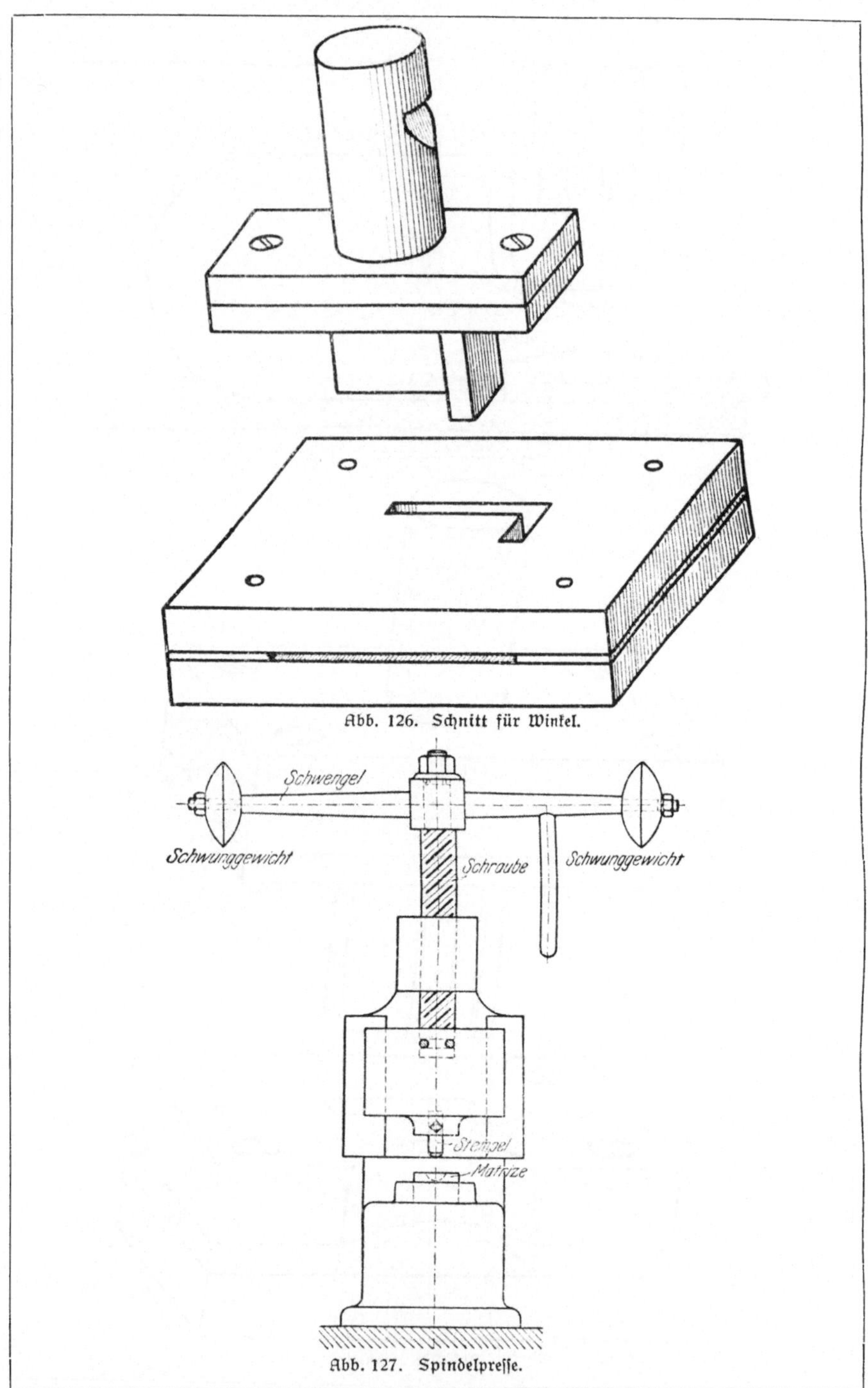

Abb. 126. Schnitt für Winkel.

Abb. 127. Spindelpresse.

Schnittstempel auf und nieder. Der Blechstreifen, aus dem die Werkstücke ausge=
stanzt werden, läßt sich in einer Rinne der mittleren Platte verschieben. Die
konischen Stifte dienen dazu, die Lage der Platten gegeneinander zu sichern. Außer=
dem ist ein zylindrischer Aufhängestift vorhanden, der in einer Aussparung sitzt.
Über diesen hängt der Arbeiter nach jedem Schnitt das ausgeschnittene Blech, drückt
es gegen den Stift und regelt so den Abstand zwischen den einzelnen Ausschnitten.

Von den verschiedenen Arten von Maschinen, wie z. B. Handhebelpressen,
Fußtrittpressen, Spindelpressen mit Schwunggewichten, Friktions=Spindelpressen ist
eine in Abb. 127 dargestellt. Es ist eine Spindelpresse mit Schwunggewichten.
Soll die Maschine arbeiten, so werfen wir den Schwengel mit den beiden Schwung=
gewichten herum. Dann bewegt sich die mit mehrgängigem, steilem Gewinde ver=
sehene Spindel rasch nach unten und drückt das Werkzeug in das Werkstück. Die
Schwunggewichte verstärken die Wucht.

6. Feilen, Schaben, Räumen und Nutenziehen.

a) Feilen.

Wirkungsweise. Auch die Feile können wir als eine Vereinigung vieler, kleiner
Meißelchen zu einem Werkzeug ansehen. Diese Meißelchen sind folgendermaßen
entstanden. Die ursprünglich glatte Oberfläche der Feile ist mit Hieben versehen
(Abb. 128). Die unter dem Winkel α eingehauenen Schneiden bilden den Unterhieb,
die unter dem Winkel β gehauenen den Oberhieb oder Aufhieb. Beide Winkel sind
meist verschieden groß. Außerdem stehen die Zähne nicht parallel zur Achse $A—B$,
sondern geneigt zu dieser. Aus diesem Grunde werden die Späne leicht seitlich ab=
geführt. — Aus einem ähnlichen Grunde ist auch die Bürstenwalze der Straßen=
kehrmaschine oder der Schneepflug vor der Lokomotive schräggestellt. — Ferner liegen
die einzelnen Meißelchen der Feile so hintereinander, daß das hintere das Material
erfaßt, das das vordere stehen gelassen hat. Ständen sie „in Reih und Glied" hinter=
einander, so würden Furchen in dem bearbeiteten Werkzeug entstehen. Zuweilen
bringen wir etwas Öl oder Kreide auf die Feile, um eine glatte Oberfläche auf
dem Werkstück zu erzeugen. Diese Stoffe verhindern nämlich ein zu tiefes Eindringen
der Zähnchen. Die Zwischenräume zwischen den Zähnen der Feile haben die Auf=
gabe, die Späne aufzunehmen. Für weiches Metall, wie Zinn und Blei, verwenden

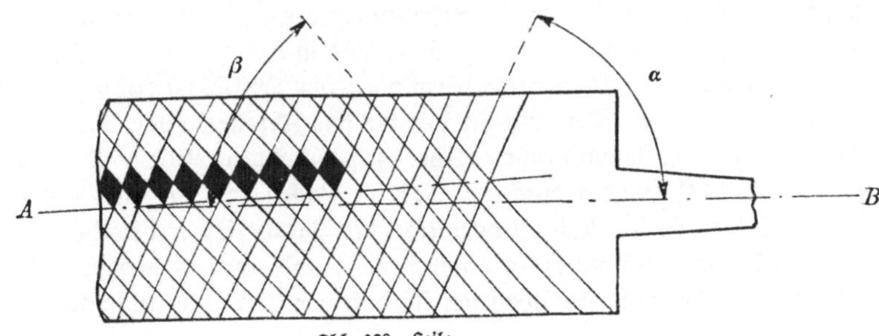

Abb. 128. Feile.

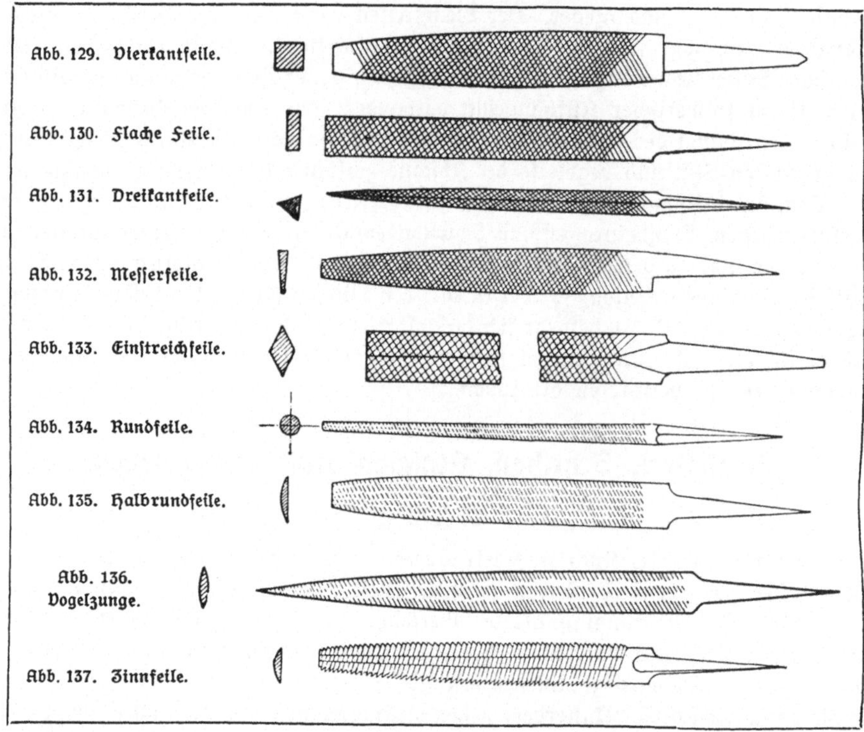

wir daher Feilen mit großen Zwischenräumen, die in der Regel nur einhiebig ge=
hauen sind. Auch bei der Raspel, die wir zur Bearbeitung von Horn und Holz
verwenden, können wir die großen Zwischenräume zwischen den Zähnen feststellen.

Feilenarten. Wir unterscheiden:

1. Grobfeilen (auch Arm= oder Strohfeilen)[1]) mit grobem Hieb.
2. Bastardfeilen oder Vorfeilen mit mittlerem Hieb.
3. Schlichtfeilen mit feinem Hieb.

Außerdem benutzen wir noch Zwischenstufen, wie z. B. Halbschlichtfeilen, deren Zäh=
nung zwischen der der Bastard= und Schlichtfeile liegt, und Feinschlicht= oder Doppel=
schlichtfeilen, die feiner gezähnt sind als Schlichtfeilen.

Feilenformen. Den verschiedenen Arbeiten entsprechend haben auch die Feilen
verschiedene Formen. Die gebräuchlichsten Arten sind in Abb. 129—137 dargestellt.

Zum Einspannen der Werkstücke verwenden wir Feilkloben (Abb. 138), Reif=
kloben (Abb. 139), die das Werkstück in der für das Abreifen oder Kantenbrechen
bequemsten Lage halten, Spannkluppen (Abb. 140) und Schraubstöcke. Der Flaschen=
schraubstock (Abb. 141) hat den Nachteil, daß die Backen nur in einer bestimmten
Lage parallel liegen. Diesen Nachteil vermeidet der Parallelschraubstock (Abb. 142).
Der hintere Backen läßt sich mit Hilfe einer Spindel und einer in diesem Backen be=
festigten Mutter verschieben. Zu beachten ist, daß das Werkstück nicht zu lang ein=

---

1) Weil sie früher in Stroh verpackt verkauft wurden.

gespannt wird (Abb. 143), da es sonst federt und die Feile schlecht angreift. Das Einspannen soll nach Abb. 144 erfolgen.

Behandlung der Feilen. Je besser wir unsere Werkzeuge behandeln, desto besser können wir mit ihnen arbeiten. Die Feile arbeitet nur beim Vorwärtsstoß, daher müssen wir sie ohne Druck zurückziehen, um die Zähne zu schonen. Zum Reinigen benutzen wir ein Blech aus Messing oder weichem Eisen, etwa 1 mm stark, das wir mit messerscharfer Schneide versehen, außerdem Drahtbürsten, zuweilen auch Säuren oder das Sandstrahlgebläse, um verschmierte Feilen zu säubern. Verölte Feilen können wir mit Petroleum reinigen. Stumpfgewordene Feilen lassen

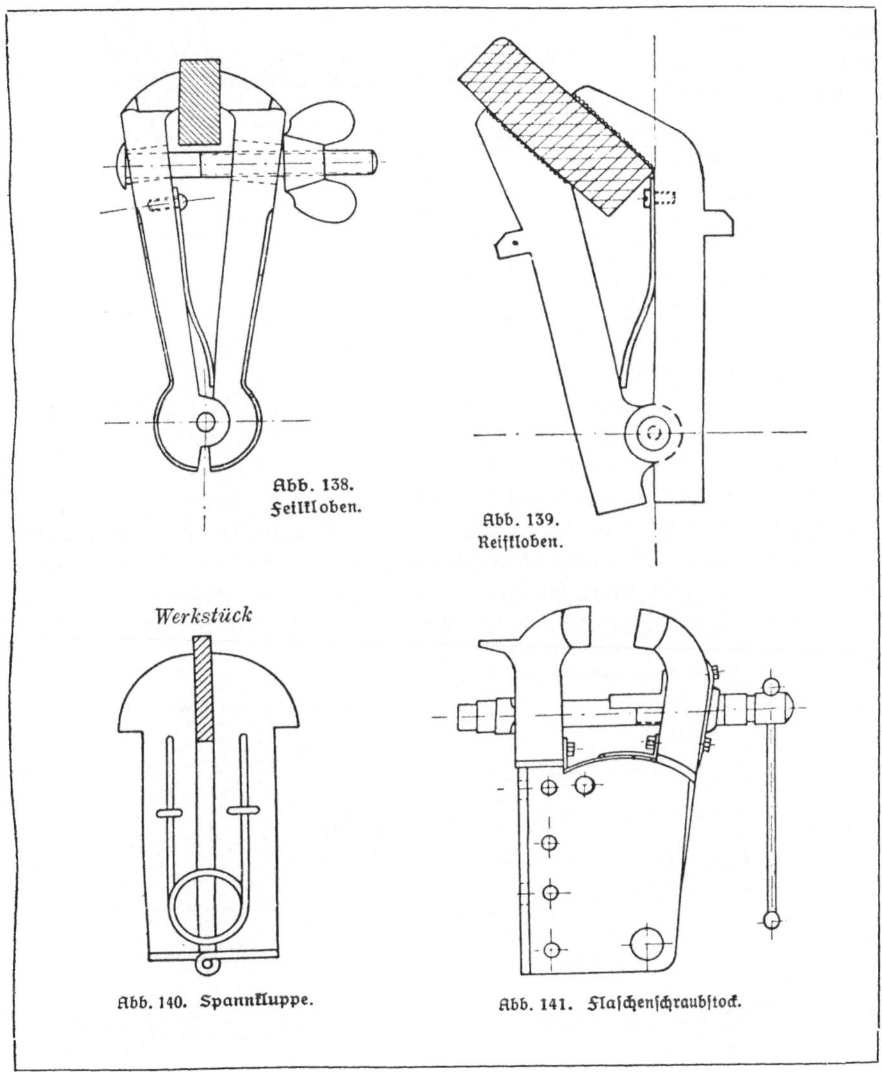

Abb. 138.
Feilkloben.

Abb. 139.
Reifkloben.

Abb. 140. Spannkluppe.

Abb. 141. Flaschenschraubstock.

wir wiederaufhauen. Dies geschieht in der Weise, daß die Feilen mehrere Tage lang ausgeglüht, abgeschliffen, von neuem gehauen und gehärtet werden. Das Wiederaufhauen ist bis fünfmal möglich.

Unfälle bei Benutzung der Feile können wir dadurch vermeiden, daß wir prüfen, ob das Feilen= heft fest sitzt, daß wir schadhaft gewordene Hefte sofort auswechseln und die Feilenangel vorschrifts= mäßig in das Heft ein= brennen, nicht hinein= schlagen oder oberflächlich hineinstoßen. Abb. 145 zeigt eine fehlerhafte, Abb. 146 die richtige Be= festigung des Feilenheftes.

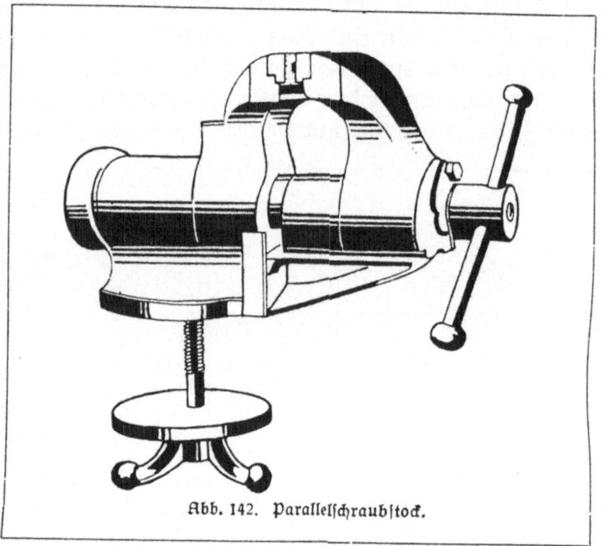

Abb. 142. Parallelschraubstock.

b) Schaben.

Wirkungsweise. Wird der Schneidwinkel eines Werkzeuges größer als 90°, so findet kein Schneiden, sondern nur noch ein Schaben, ein Abheben sehr feiner Spänchen statt. Wir schaben Flächen, die schon die richtige Form haben, um sie sehr genau zu machen, z. B. bei Linealen, Winkeln, Führungen, Gleit= und Tragflächen von Maschinen, an dampfdichten Stellen, wie beim Schieber. Wir gehen beim Schaben in der Weise vor, daß wir einen Hauch Tusche auf eine Tuschierplatte aufreiben, mit der Tuschier= platte über das Werkstück fahren und nachsehen, welche Stellen tragen. Diese erhöhten Teile schaben wir solange fort, bis eine genügend große Zahl gleichmäßig verteilter Stellen trägt. Daß die ganze Fläche gleichmäßig trägt, können wir nicht erreichen.

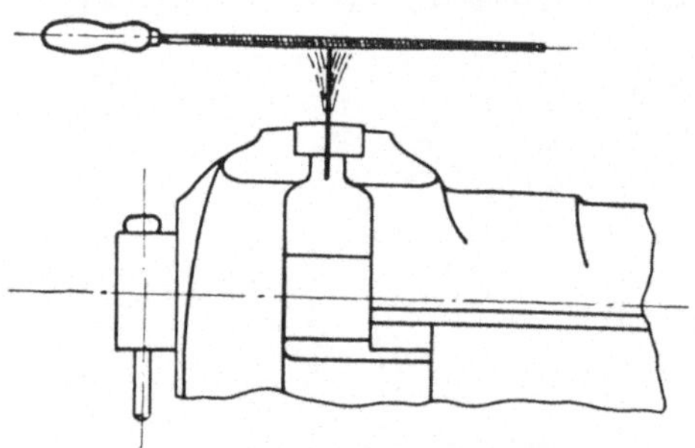

Abb. 143. Werkstück zu lang eingespannt.

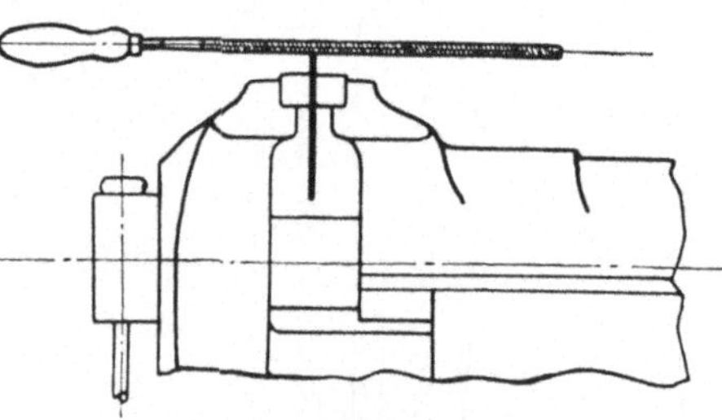

Abb. 144. Werkstück richtig eingespannt.

Abb 145. Feilenheft falsch befestigt.

Abb. 146. Feilenheft richtig befestigt.

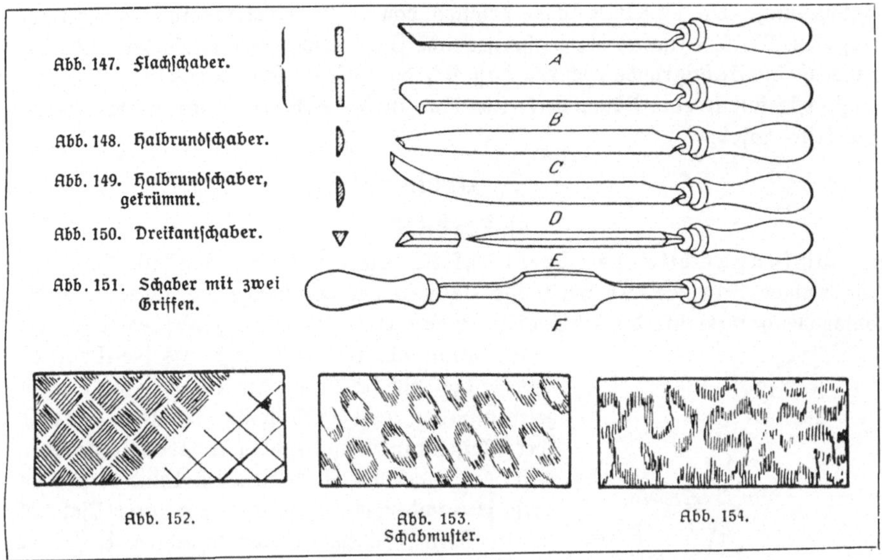

Abb. 147. Flachschaber.

Abb. 148. Halbrundschaber.

Abb. 149. Halbrundschaber, gekrümmt.

Abb. 150. Dreikantschaber.

Abb. 151. Schaber mit zwei Griffen.

Abb. 152.

Abb. 153. Schabmuster.

Abb. 154.

Schaber. Die gebräuchlichsten Schaber sind in den Abbildungen 147—151 wiedergegeben.

Schabmuster zeigen die Abb. 152—154.

c) Räumen und Nutenziehen.

Wirkungsweise. Die Räumahle oder Räumnadel ist eine mit Zähnen besetzte Stange von viereckigem oder rundem Querschnitt, die durch das Werkstück hindurchgezogen oder hindurchgedrückt wird. Abb. 155 zeigt vergrößert die Zahnform eines solchen Werkzeuges. α ist der Anstellungswinkel, der 2—3⁰ beträgt. Der Winkel an der Zahnbrust β ist 5 bis 8⁰. Er ermöglicht ein leichteres Schneiden. T ist die

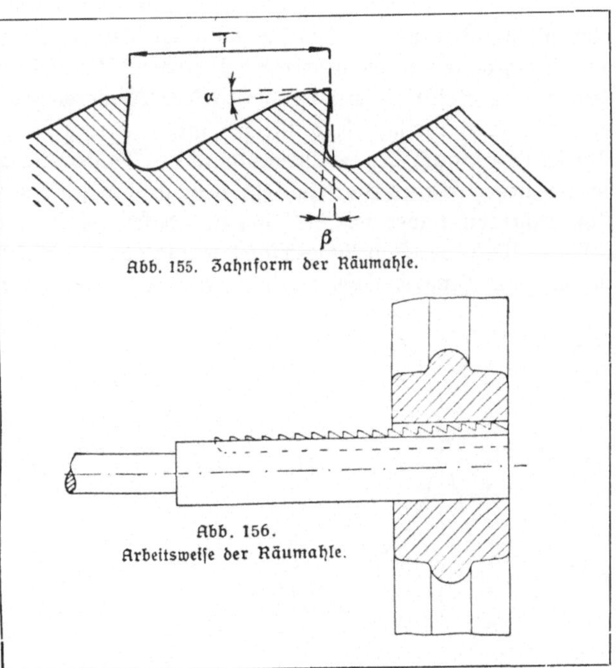

Abb. 155. Zahnform der Räumahle.

Abb. 156. Arbeitsweise der Räumahle.

Zahnteilung. Die einzelnen Zähne nehmen von der Angriffsstelle aus gerechnet zu. Auf diese Weise entlastet der vorhergehende Zahn immer den folgenden. Die Abrundung im Zahngrunde bewirkt, daß sich die Späne leicht aufrollen. Abb. 156 zeigt, wie durch eine Räumnadel eine Nut in die Bohrung eines Rades hineingearbeitet wird.

7. Drehen.

a) Drehstähle.

Wirkungsweise. Der Drehstahl ist, wie der Meißel, ein Werkzeug mit keilförmiger Schneide. Er wirkt also auch so wie der Meißel: er überwindet die Zusammenhangskraft des Werkstoffes, wenn er in ihn hineingeschoben wird, und trennt Späne ab. Abb. 157 läßt uns die Winkel erkennen, die wir bereits an der Schneide des Meißels gesehen haben. α ist der Anstellungswinkel, β der Keil- oder Meißelwinkel, auch Zuschärfungswinkel genannt, γ ist der Schneidwinkel. Diese Winkel sind verschieden groß, je nachdem ob wir weiches oder hartes Material zu bearbeiten haben, ob wir schlichten, d. h. feine Späne abheben, oder schruppen, d. h. starke Späne nehmen. Der Anstellungswinkel α beträgt 3—12°. Die kleinen Werte sind üblich bei hartem Material und bei Schlichtarbeiten, die größeren bei weicherem Material und Schrupparbeiten. Der Keilwinkel β

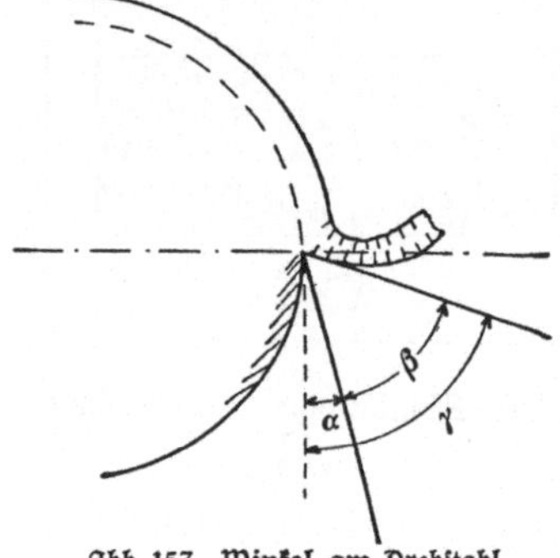

Abb. 157. Winkel am Drehstahl.

schwankt zwischen 54—100°. Die kleineren Werte treten auf bei weichem Material und Schlichtarbeiten, die größeren bei hartem Material und Schrupparbeiten. Das ist auch ganz natürlich, weil wir für stärkere Beanspruchungen des Werkzeuges widerstandsfähigere Meißel, d. h. Meißel mit größerem Zuschärfungswinkel brauchen. Ähnlich ist es auch bei der Verwendung des Kaltschrotes und des Warmschrotes in der Schmiede. Kaltes Material setzt dem Eindringen des Meißels größeren Widerstand entgegen, daher muß die Schneide „dicker" sein, d. h. einen größeren Keilwinkel besitzen. Wird der Anstellungswinkel α und der Keilwinkel β größer, so wird natürlich auch der Schneidwinkel γ größer, weil er sich aus α und β zusammensetzt.

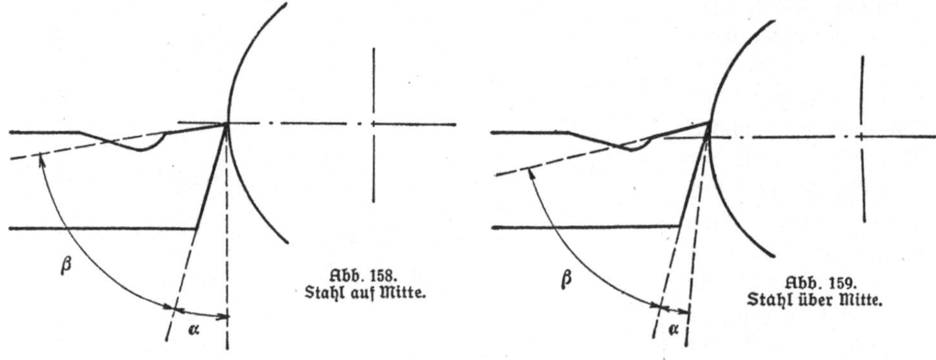

Abb. 158.
Stahl auf Mitte.

Abb. 159.
Stahl über Mitte.

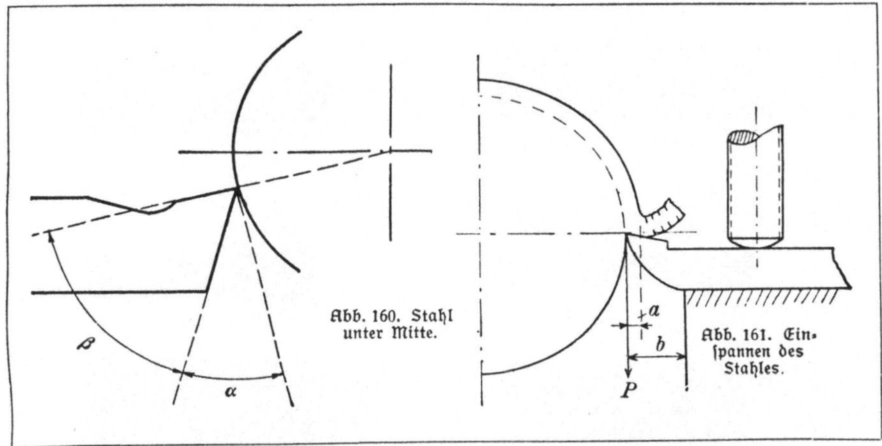

Mitunter verändert der Dreher absichtlich diesen Schneidwinkel durch einfaches höher- oder Tiefersetzen des Drehstahls. In Abb. 158 steht der Stahl auf Mitte, in Abb. 159 etwas über Mitte. Dadurch wird der Anstellungswinkel α kleiner. Die Folge davon ist, daß der Span nicht so scharf abgebogen wird und daß der Dreher stärkere Späne nehmen kann. Zwar besteht die Gefahr, daß der Stahl in das Werkstück hineingezogen wird, wenn er auf eine harte Stelle kommt, doch ist das nicht so schlimm, weil das Stück doch noch geschlichtet oder geschliffen wird. Beim Schlichten dagegen stellt der Dreher den Span zuweilen unter Mitte (Abb. 160). Dadurch vergrößert sich der Anstellungswinkel α, die Späne werden schärfer abgebogen, der Stahl federt vom Werkstück ab, wenn er auf harte Stellen kommt.

Von Wichtigkeit ist auch die Art der Einspannung des Drehstahls. Wir sollen ihn kurz einspannen. Spannen wir ihn lang ein, so wird das Biegungsmoment $P \cdot b$ (Abb. 161) zu groß. Der Stahl zittert oder bricht sogar ab. Dasselbe kann auch nur mit der Schneide des Stahles geschehen, auf die das Biegungsmoment $P \cdot a$ wirkt. P ist hierbei eine Kraft, die infolge des Zerspanungswiderstandes auftritt.

Die Stahlschneide an den Drehstählen ist häufig schräggestellt. Auf diese Weise erhalten wir bei gleichem Vorschub des Werkzeuges breitere und dünnere Späne als bei gerader Schneide. Ein breiter, dünner Span läßt sich leichter abtrennen und aufbiegen als ein schmaler, dicker.

Arten der Drehstähle. Die gebräuchlichsten Drehstähle sind in den Abb. 162 bis 179 zusammengestellt. Schruppstähle dienen zum Abnehmen starker Späne. Diese Stähle haben eine gerade Schneidkante und lassen sich daher bequem nachschleifen. Schlichtstähle nehmen dünne Späne und erzeugen eine glatte Oberfläche. Stechstähle sollen das Werkstück einstechen oder abstechen. Damit sie frei schneiden, verjüngt sich die Schneide von vorn nach hinten (vom Drehstück aus gerechnet) und von oben nach unten. Seitenstähle finden zum Drehen der Stirnflächen Anwendung. Die Schippe oder der Spitzenstahl, ein Schlichtstahl mit breiter Schneide, eignet sich besonders zum Drehen von Gußeisen. Der Bohrstahl

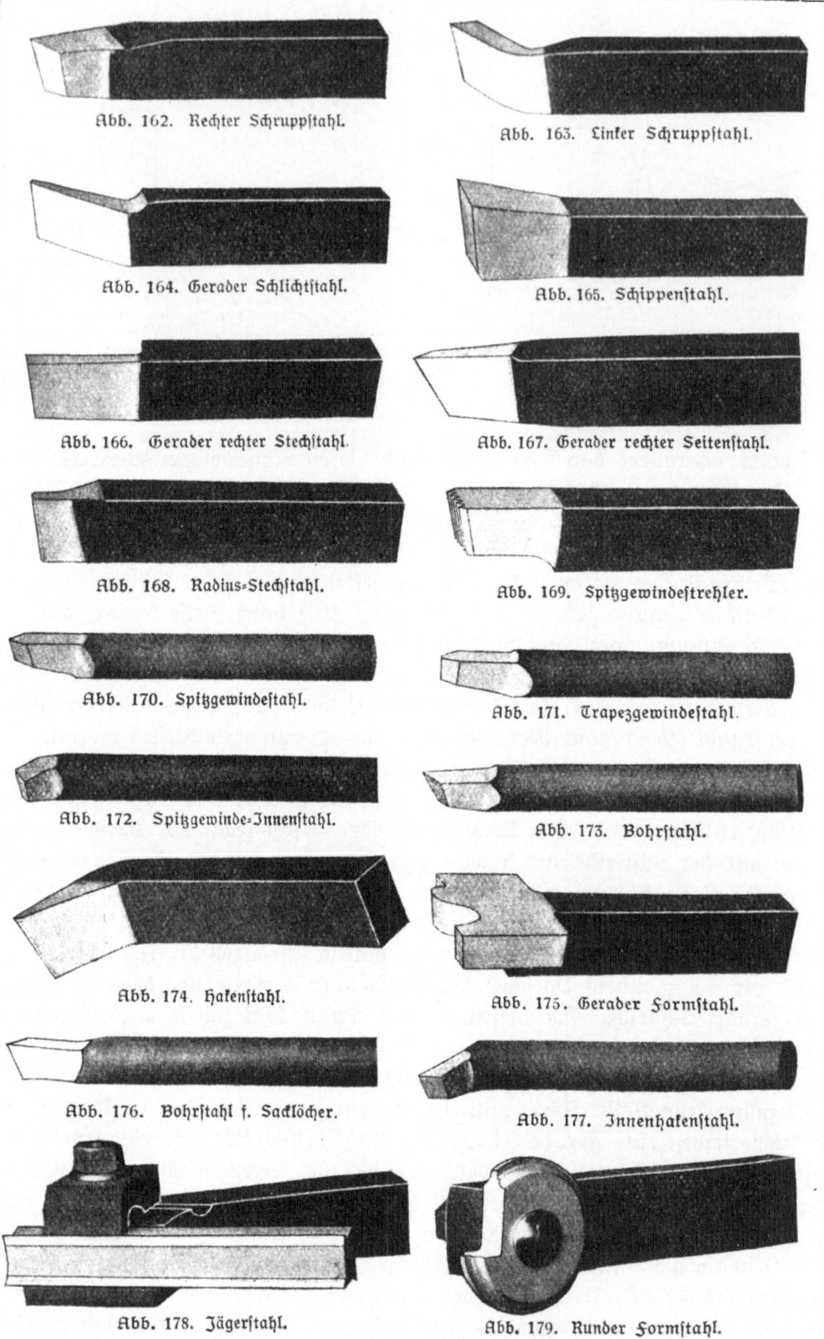

Abb. 162. Rechter Schruppstahl.

Abb. 163. Linker Schruppstahl.

Abb. 164. Gerader Schlichtstahl.

Abb. 165. Schippenstahl.

Abb. 166. Gerader rechter Stechstahl.

Abb. 167. Gerader rechter Seitenstahl.

Abb. 168. Radius=Stechstahl.

Abb. 169. Spitzgewindestrehler.

Abb. 170. Spitzgewindestahl.

Abb. 171. Trapezgewindestahl.

Abb. 172. Spitzgewinde=Innenstahl.

Abb. 173. Bohrstahl.

Abb. 174. Hakenstahl.

Abb. 175. Gerader Formstahl.

Abb. 176. Bohrstahl f. Sacklöcher.

Abb. 177. Innenhakenstahl.

Abb. 178. Jägerstahl.

Abb. 179. Runder Formstahl.

findet Anwendung beim Ausdrehen vorgegossener Löcher; der Hakenstahl dient zum Hinterstechen von ausgedrehten Bohrungen. Abb. 180 zeigt mehrere dieser Stähle in Arbeitsstellung. — Welche? — Abb. 181 deutet die Arbeitsweise zweier Ausdrehstähle an.

Um teures Material zu sparen, verwenden wir häufig besondere Stahlhalter aus Stahl= guß oder dgl., in die wir kleine Stücke Schnell= schnittstahl in der Form der betreffenden Stähle einsetzen. Gleichfalls der Materialersparnis wegen schweißen wir Plättchen aus Schnellschnittstahl auf billigeren Maschinenstahl auf. Der schneidende Teil des Stückes besteht dann aus Schnellschnitt= stahl.

Außer den genannten verwenden wir noch zahlreiche Sonderstähle für Sonderarbeiten. Hier= zu gehören die Formstähle. Abb. 182 zeigt einen Formstahl für einen Knopf, Abb. 183 zwei Radiusstähle für Abrundungen. Auch der Ge= windestahl ist ein Formstahl (Abb. 184), da er die Form des zu schneidenden Gewindes haben muß. Der Stahl ist wieder so hergestellt, daß er frei schneidet. Die Schneidkanten der Stähle für Whitworth=Gewinde bilden einen Winkel von 55°. Für metrisches Gewinde (S-I=Gewinde) beträgt

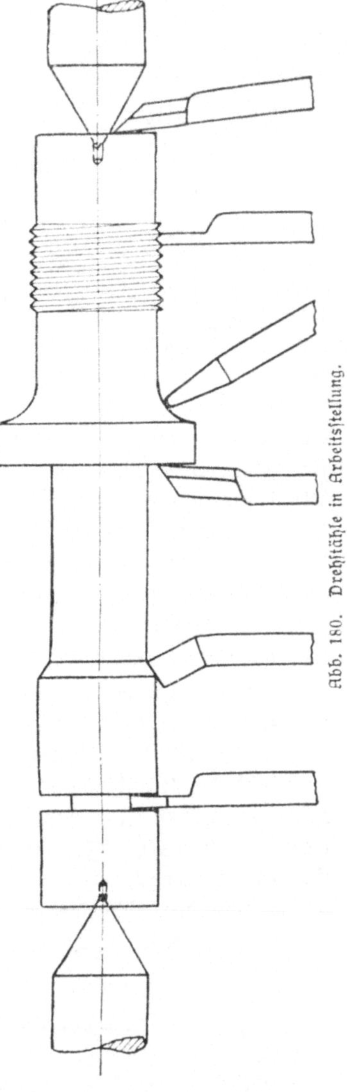
Abb. 180. Drehstähle in Arbeitsstellung.

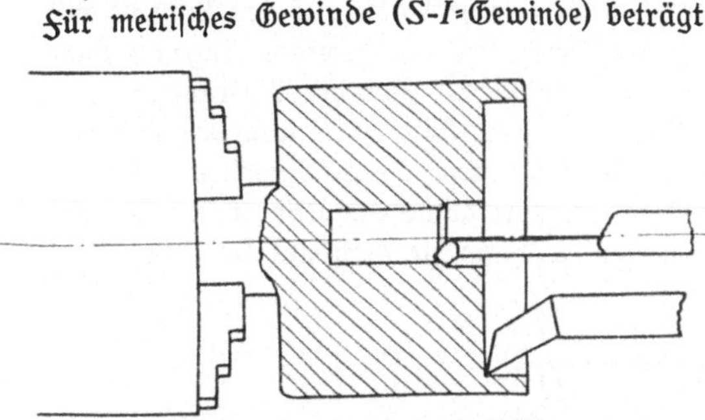
Abb. 181. Arbeitsweise der Ausdrehstähle.

dieser Winkel 60°. Stähle für Löwenherz=Gewinde, das in der Feinmechanik noch häufig Verwendung findet, haben an der Spitze einen Winkel von 53°8´. Für Trapezgewinde haben die Stähle trapezförmige Schneide. Auch bei Gewindestählen verwenden wir Halter mit besonderen Einsatzstählen, um diese bequemer nach= schleifen zu können und an teurem Material zu sparen (Abb. 185). Wenn wir sauberes Gewinde zu schneiden haben, so können wir den Stahl nur allmählich zustellen, und zwar entweder nach Abb. 186 oder Abb. 187. Eine wesentliche

4*

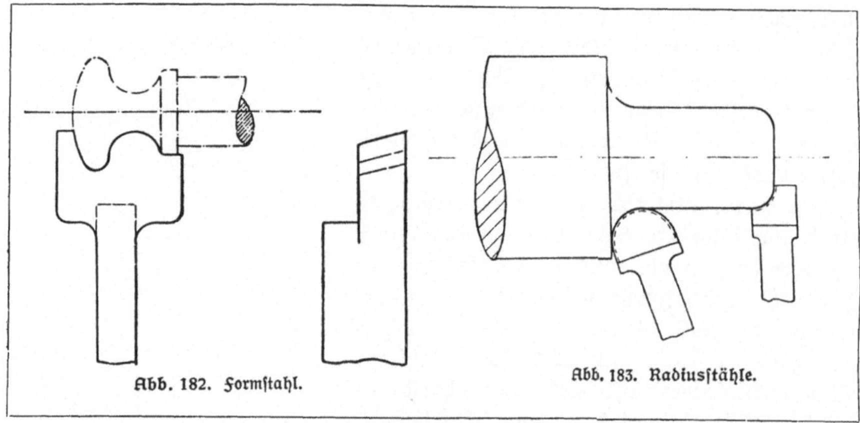

Abb. 182. Formstahl.   Abb. 183. Radiusstähle.

Erleichterung beim Gewindeschneiden haben wir durch Verwendung des Gewinde=
strehlers (Abb. 188), den wir ebenfalls in einen besonderen Halter einspannen.
Die Zähne dieses Strehlers sind so beschaffen, daß sie von links nach rechts immer
größer werden. Erst der letzte Zahn hat das richtige Profil. Die ersten Zähne
schruppen daher nur vor, der letzte schneidet fertig. Leider sind solche Strehler
häufig etwas ungenau, weil sie sich in der Härte verziehen und dann schlecht nach=
gearbeitet werden können. Wir müssen daher Gewinde, die ganz genau sein sollen,
noch mit einem gewöhnlichen Gewindestahl nachschneiden.

Auch mit Schneideisen (Abb. 189) können wir auf der Drehbank Gewinde
herstellen, indem wir das Schneideisen mit Hilfe eines Schneideisenhalters von Hand
auf das Werkstück aufschrauben oder den Schneideisenhalter auf den Support auf=
legen und die Maschine laufen lassen, nachdem wir einige Gewindegänge von Hand
geschnitten haben. Für Innengewinde verwenden wir entweder Innengewinde=
stähle (Abb. 190, 191) oder Gewindestrehler (Abb. 192), auch die bekannten
Gewindebohrer, auf die wir ein Windeisen stecken. Dieses Windeisen lassen wir,
ähnlich wie das Schneideisen, auf dem Support aufliegen. Wir können die Ge=
windebohrer auch von Hand hineindrehen, während die Drehbank stillsteht.

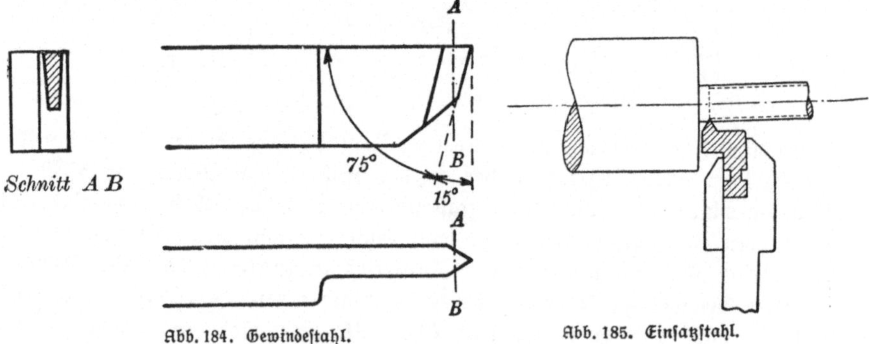

Abb. 184. Gewindestahl.   Abb. 185. Einsatzstahl.

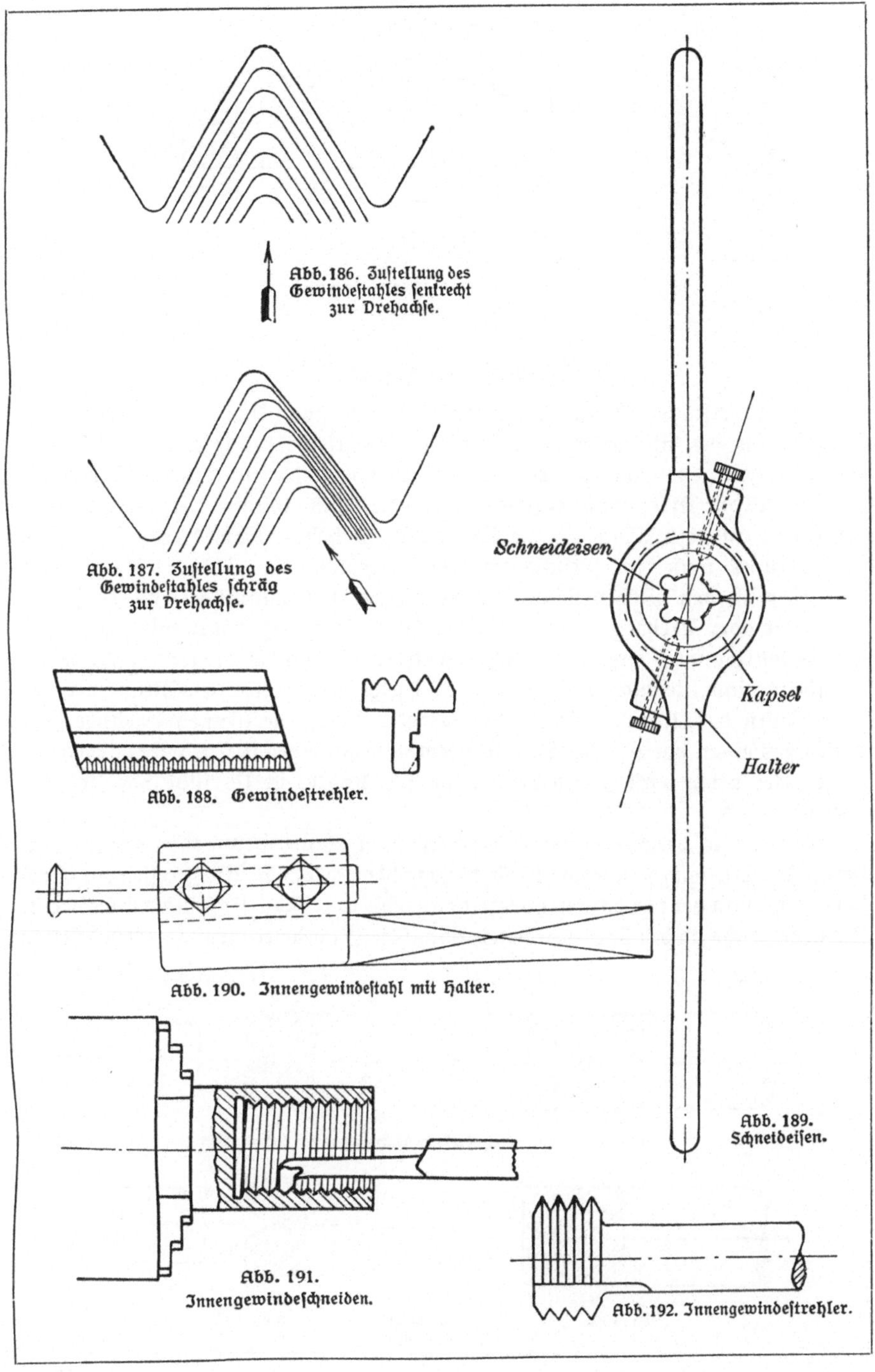
Abb. 186. Zuſtellung des
Gewindeſtahles ſenkrecht
zur Drehachſe.

Abb. 187. Zuſtellung des
Gewindeſtahles ſchräg
zur Drehachſe.

Abb. 188. Gewindeſtrehler.

Schneideisen

Kapsel

Halter

Abb. 190. Innengewindeſtahl mit Halter.

Abb. 189.
Schneideiſen.

Abb. 191.
Innengewindeſchneiden.

Abb. 192. Innengewindeſtrehler.

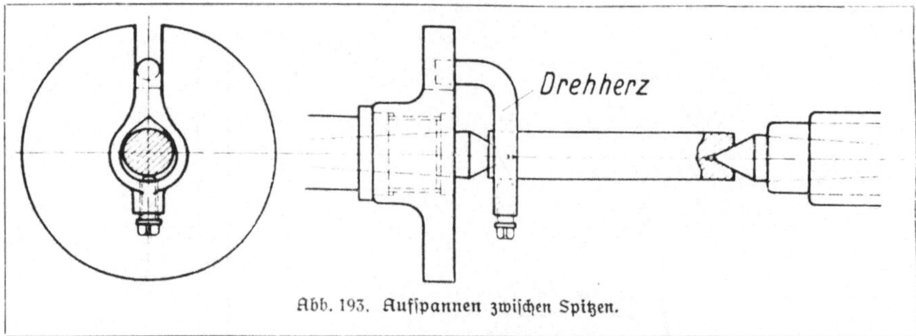

Abb. 193. Aufspannen zwischen Spitzen.

b) Aufspannen zum Drehen.

Lange Werkstücke nehmen wir z w i s c h e n die Spitzen (Abb. 193), nachdem wir die Stücke an den Stirnseiten mit besonderem Zentrierbohrer so angebohrt haben, daß die Spitzen genau hineinpassen. Das Zentrum darf nicht zu groß sein (Abb. 194), sonst kommt der Drehstahl beim Abdrehen an die Reitstockspitze. Das Zentrum darf auch keinen anderen Winkel als die Drehbankspitze haben (Abb. 195). Die Größe des Zentrums muß dem Wellendurchmesser angepaßt sein (Abb. 196), und das Zentrum muß den gleichen Winkel haben wie die Drehbankspitze (Abb. 197). Ein Mitnehmer oder Drehherz, das wir auf das Werkstück aufsetzen und mit einer Druck= schraube festklemmen, sorgt dafür, daß das Arbeitsstück an der drehenden Bewegung der Arbeitsspindel teilnimmt. Abbildung 193 zeigt einen gekröpften Mitnehmer, der in den Schlitz der Mitnehmerscheibe hineingreift. Besitzt die Mitnehmerscheibe statt des Schlitzes einen vorstehenden Stift, so verwenden wir einen Mitnehmer mit gerader Zunge. Bei allen vorstehenden Teilen, die sich drehen, ist Vorsicht vor Unfällen geboten!

Drehdorne verwenden wir zum Aufspannen vorgebohrter oder ausgedrehter Werkstücke. Ein solcher Drehdorn (Abb. 198) ist schwach konisch. Wir pressen das Werk= stück auf ihn von der schwächeren Dornseite aus, bis es festsitzt. Am linken Ende ist eine Mitnahmefläche an den Dorn gearbeitet, damit die Mitnehmerschraube einen besseren

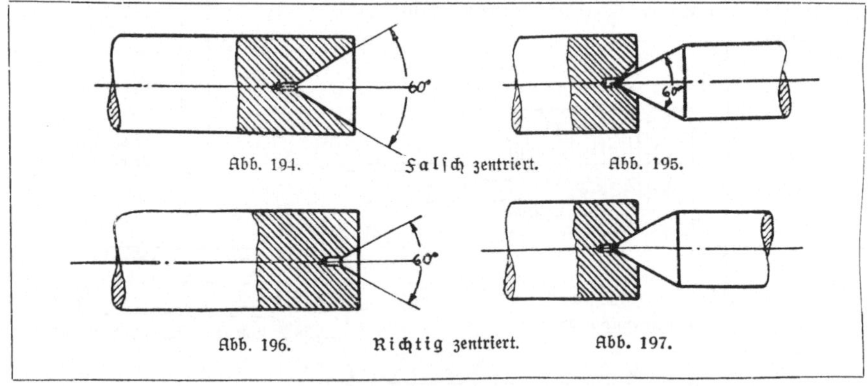

Abb. 194.	F a l s ch zentriert.	Abb. 195.
Abb. 196.	R i ch t i g zentriert.	Abb. 197.

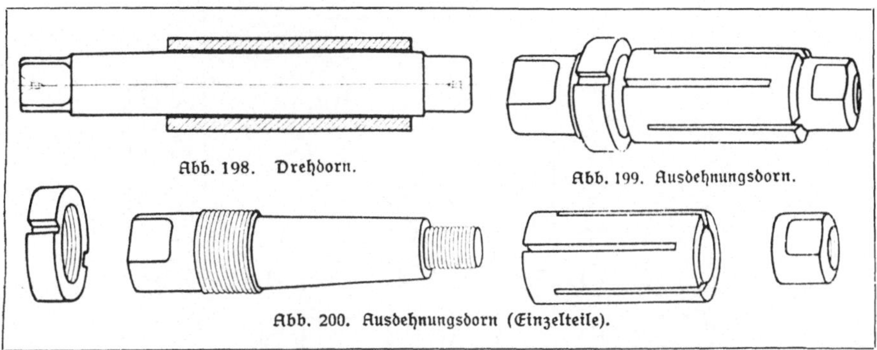

Abb. 198. Drehdorn.

Abb. 199. Ausdehnungsdorn.

Abb. 200. Ausdehnungsdorn (Einzelteile).

Halt findet. Einen Ausdehnungsdorn (Abb. 199 u. 200), der auch expandierender[1]) Dorn oder verstellbarer Drehdorn genannt wird, verwenden wir folgendermaßen: Wir bringen das aufzuspannende Werkstück auf die mehrfach geschlitzte, geschliffene Dornbuchse. Die Dreherei besitzt mehrere solcher Buchsen von verschiedenen Außendurch= messern, damit wir Werkstücke von verschiedenen Innendurchmessern spannen können. Innen sind diese Buchsen konisch. Sie passen auf einen konischen Dorn, der am rechten und am linken Ende Gewinde trägt. Ziehen wir die rechte Mutter an, so schieben wir die geschlitzte Buchse auf den konischen Dorn hinauf, drücken sie aus= einander und spannen so das Werkstück. Wollen wir das Werkstück wieder ab= nehmen, so lösen wir die rechte Mutter, ziehen die linke an, schieben die geschlitzte Buchse von dem konischen Dorn herunter, wobei sie sich wieder zusammenzieht. Diese Dorne nehmen wir beim Drehen zwischen die Spitzen der Drehbank. Einen anderen Dorn (Abb. 201) dagegen, den Fliegenden Dorn, spannen wir mit seinem linken Ende in ein Futter oder stecken ihn, wenn der Schaft konisch ist, in einen be= sonderen Futterkörper hinein. Futter oder Futterkörper schrauben wir auf den Ge= windezapfen der Drehbankspindel. Auf den geschlitzten Teil des Dornes stecken

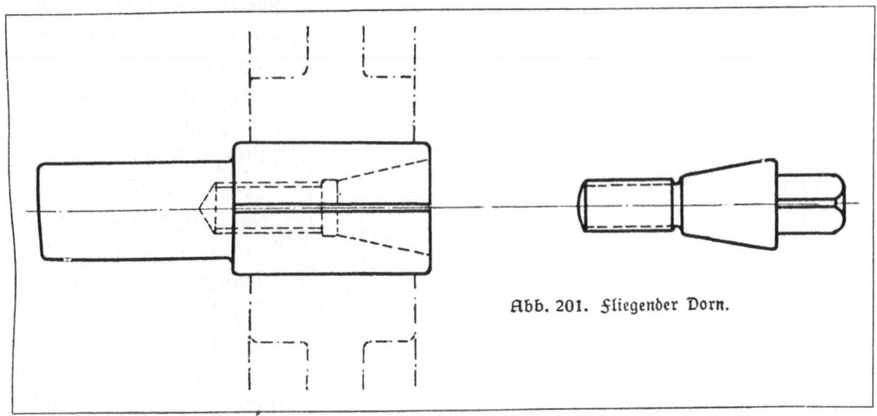

Abb. 201. Fliegender Dorn.

---

1) Expandieren heißt sich ausdehnen.

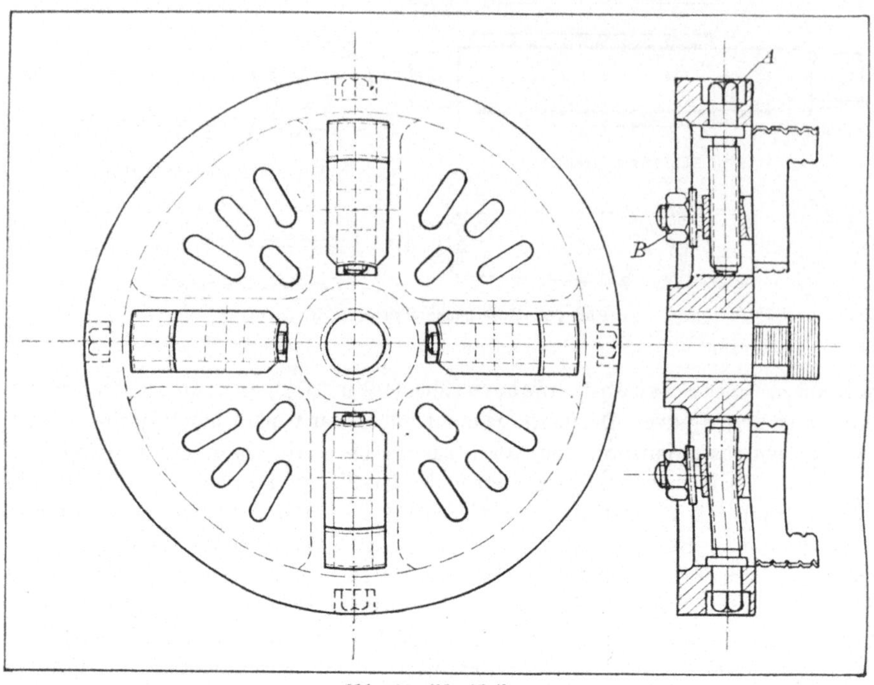

Abb. 202. Planscheibe.

wir das Werkstück, schrauben die Schraube mit dem Konus hinein und treiben so den Dorn auseinander, der auf diese Weise das Werkstück von innen spannt.

Eine Planscheibe (Abb. 202) benutzen wir, wenn wir kurze Stücke mit verhältnismäßig großem Durchmesser zu drehen haben. Mit der Planscheibe können wir auch unregelmäßig geformte Werkstücke spannen, weil die Planscheibenbacken sich unabhängig voneinander bewegen lassen. Wir spannen, nachdem wir die Planscheibe auf die Drehbankspindel aufgeschraubt haben, folgendermaßen. Um die Backen zu verstellen, bewegen wir die Schrauben *A*; um sie festzustellen, ziehen wir die Schrauben *B* an.

Futter dienen zum Einspannen kleinerer Werkstücke, besonders solcher, die auszubohren oder auszudrehen sind. Eins der

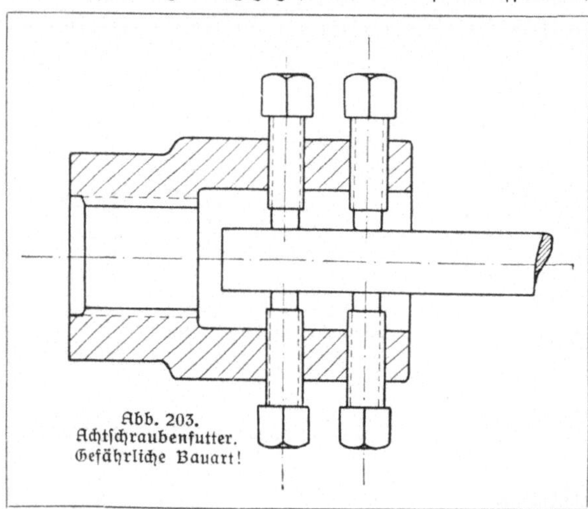

Abb. 203.
Achtschraubenfutter.
Gefährliche Bauart!

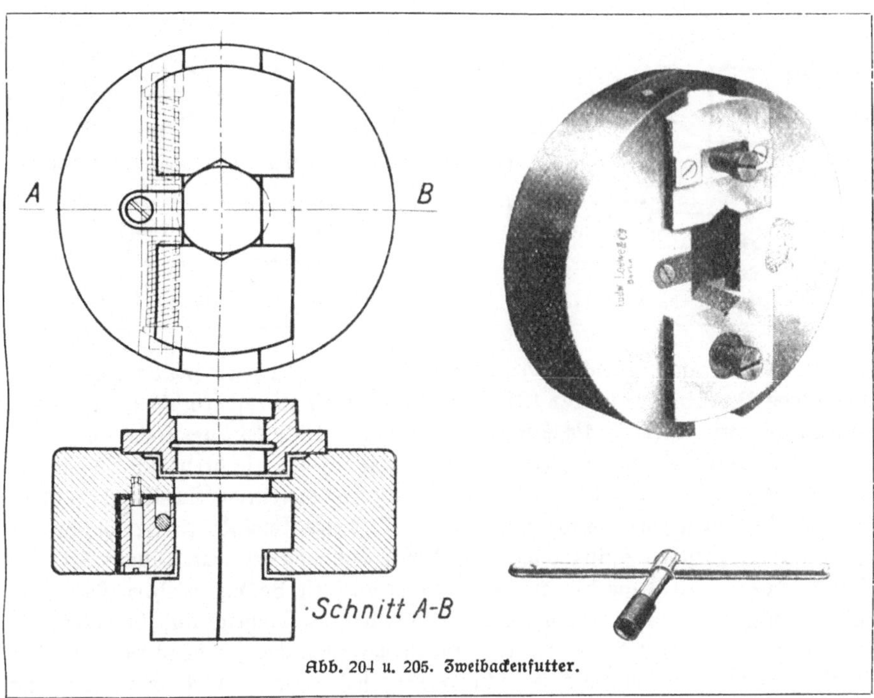

Schnitt A-B

Abb. 204 u. 205. Zweibackenfutter.

ältesten ist das Achtschraubenfutter (Abb. 203). Wir spannen durch Anziehen oder Nachlassen der acht Schrauben, die das Werkstück festhalten. Bei vorstehenden Schrauben Vorsicht vor Unfällen! Das Spannen mit diesem Futter ist umständlich. Einfacher ist es mit dem Zweibackenfutter (Abb. 204 u. 205). Wir brauchen nur mit Hilfe eines Steckschlüssels die mit Rechts= und Linksgewinde versehene, im Futter befindliche Schraube zu drehen, dann bewegen sich die beiden Backen, die Muttergewinde enthalten, nach außen oder nach innen. Die Backen sind der Form

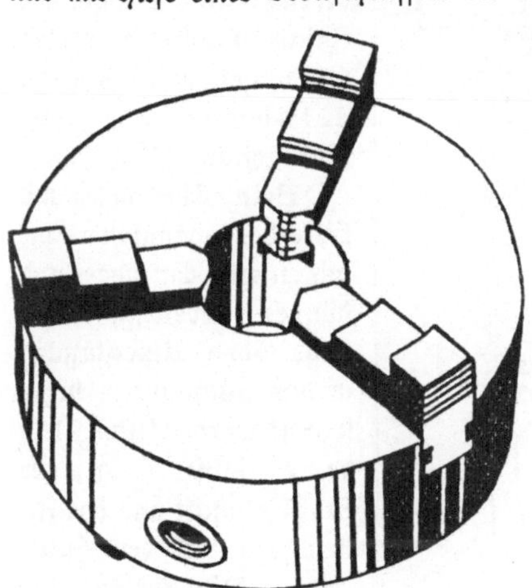

Abb. 206. Dreibackenfutter mit Bohrbacken.

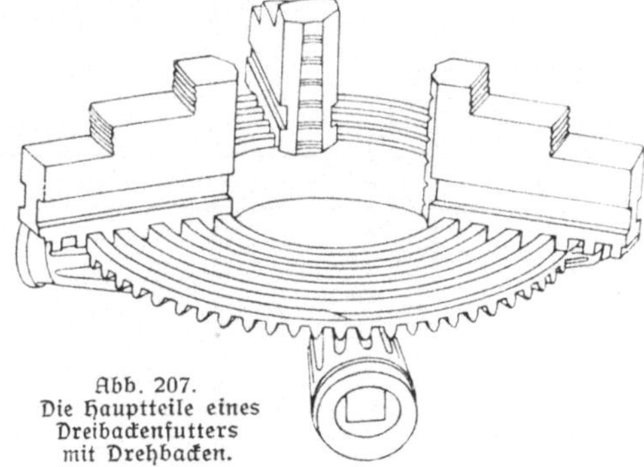

Abb. 207.
Die Hauptteile eines
Dreibackenfutters
mit Drehbacken.

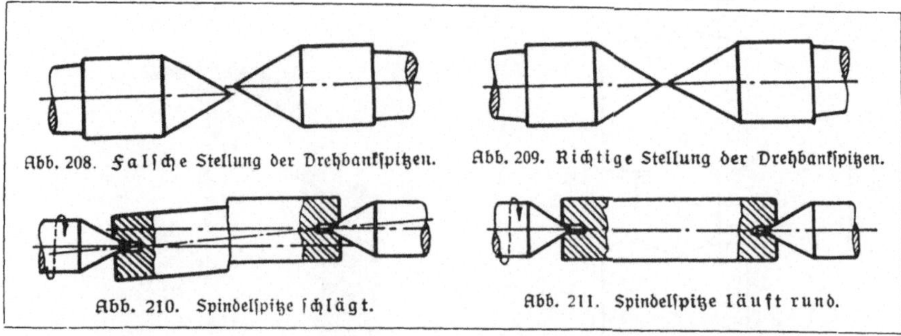

Abb. 208. Falsche Stellung der Drehbankspitzen.   Abb. 209. Richtige Stellung der Drehbankspitzen.

Abb. 210. Spindelspitze schlägt.   Abb. 211. Spindelspitze läuft rund.

des Werkstückes entsprechend ausgearbeitet. Häufig verwenden wir auch das zentrisch spannende Dreibackenfutter (Abb. 206). Es wirkt folgendermaßen (Abb. 207): Drehen wir mit einem Steckschlüssel eines der mit Vierkantkopf versehenen Triebe — das sind Kegelräder, die in einen Zahnkranz eingreifen — so dreht sich die mit dem Zahnkranz versehene Scheibe. Auf der entgegengesetzten Seite der Scheibe ist ein Plangewinde in Form einer Spirale angebracht. In dieses Gewinde greifen die auf der Unterseite gezähnten Futterbacken ein, deren Zahnung zu dem Plangewinde der Scheibe paßt. Dreht sich die Scheibe, so wandern diese Backen in ihren Führungen gleichmäßig nach innen oder nach außen, je nach der Drehrichtung der Scheibe.

Beim Einspannen der Werkstücke haben wir folgendes zu beachten: Die Reitstockspitze darf zur Spindelspitze nicht versetzt stehen, sonst wird das Arbeitsstück konisch anstatt zylindrisch (Abb. 208). Die Drehbankspitzen müssen vielmehr miteinander fluchten (Abb. 209). Die Spindelspitze darf nicht schlagen (Abb. 210),

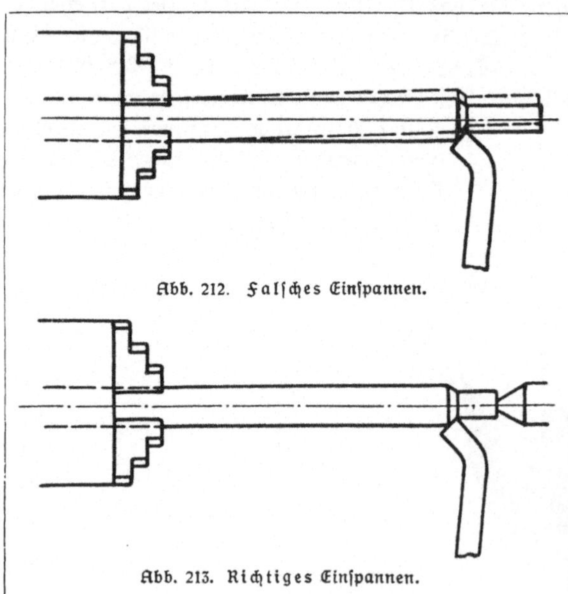

Abb. 212. Falsches Einspannen.

Abb. 213. Richtiges Einspannen.

sonst entsteht, nachdem die rechte Seite überdreht ist, beim Überdrehen der anderen Seite ein einseitiger Ansatz. Läuft die Spindelspitze genau rund (Abb. 211), dann wird das Werkstück genau zylindrisch.

Beim Einspannen mit Hilfe des Spannfutters beachten wir: Ein langes und dünnes Arbeitsstück darf nicht ohne Unterstützung in das Spannfutter eingespannt werden (Abb. 212), da es sonst schlägt, der Stahl einhakt und das Arbeitsstück aus dem Futter reißt. Die richtige Einspannung mit Hilfe der

Reitstockspitze zeigt Abb.
213. Das Werkstück darf
auch nicht zu kurz im Spann=
futter sitzen (Abb. 214), weil
es sich sonst bei der Bear=
beitung lockert und schlägt.
Abb. 215 zeigt das richtige
Einspannen.

Beim Einspannen der
Drehstähle werden auch
häufig Fehler gemacht.
Der Drehstahl darf nicht
so eingespannt werden, daß
er bei einer möglichen Ver=
schiebung infolge zu leich=

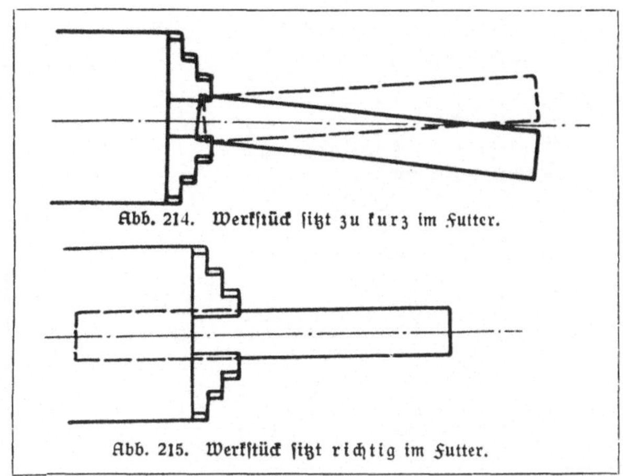

Abb. 214. Werkstück sitzt zu kurz im Futter.

Abb. 215. Werkstück sitzt richtig im Futter.

ter Einspannung oder zu großer Spanabnahme in die Oberfläche des gedrehten
Werkstückes eindringt und dieses verdirbt (Abb. 216). Bei richtiger Einspannung
(Abb. 217) wird der Stahl in diesen Fällen von der Oberfläche des Werkstückes
fortgedrückt.

Auch beim Einspannen des Gewindestahles kommen Fehler vor. Abb. 218
zeigt einen solchen Fehler: die Einstellehre ist schräg zum Gewindebolzen gehalten.
Der Gewindestahl steht infolgedessen schräg, und das Gewinde erhält falsche Form.
Beim Einstellen des Gewindestahles nach Abb. 219 ist dieser Fehler vermieden
worden.

Schließlich ist zu vermeiden, daß die Spannklaue des sogenannten deutschen
Stahlhalters schräg zur Stahlauflage des Supports steht (Abb. 220 und 221). In
diesen Fällen wird der Drehstahl ungenügend festgespannt und kann sich verschieben.
Auch die Spannschraube und die Stellschraube können sich verziehen. In Abb. 222
sind die Fehler vermieden.

c) Dreharbeiten.

Um wirtschaftlich arbeiten zu können, muß man die richtigen Schnittge=
schwindigkeiten anwenden. Wir gehen von der Bewegung eines Läufers aus,
um uns zunächst den Begriff Geschwindigkeit klar zu machen. Wir wollen an=
nehmen, jemand läuft in 15 Sekunden (Zeit) 90 m (Weg), dann legt er in 1 Sekunde
(Zeiteinheit) $^{90}/_{15} = 6$ m zurück. Seine Geschwindigkeit beträgt dann 6 m/sek. All=
gemein können wir sagen: Geschwindigkeit $= \dfrac{\text{Weg}}{\text{Zeit}}$.[1]) Häufig erfahren wir die Ge=
schwindigkeit in m/min statt in m/sek, mitunter auch in mm/sek. In dem ge=
wählten Beispiel wäre 6 m/sek $= 360$ m/min. Erfolgt bei einer solchen Bewegung
Spanabnahme, das Schneiden, so sprechen wir von Schnittgeschwindigkeit. Die Schnitt=

---

1) Als Formel $c = \dfrac{s}{t}$.

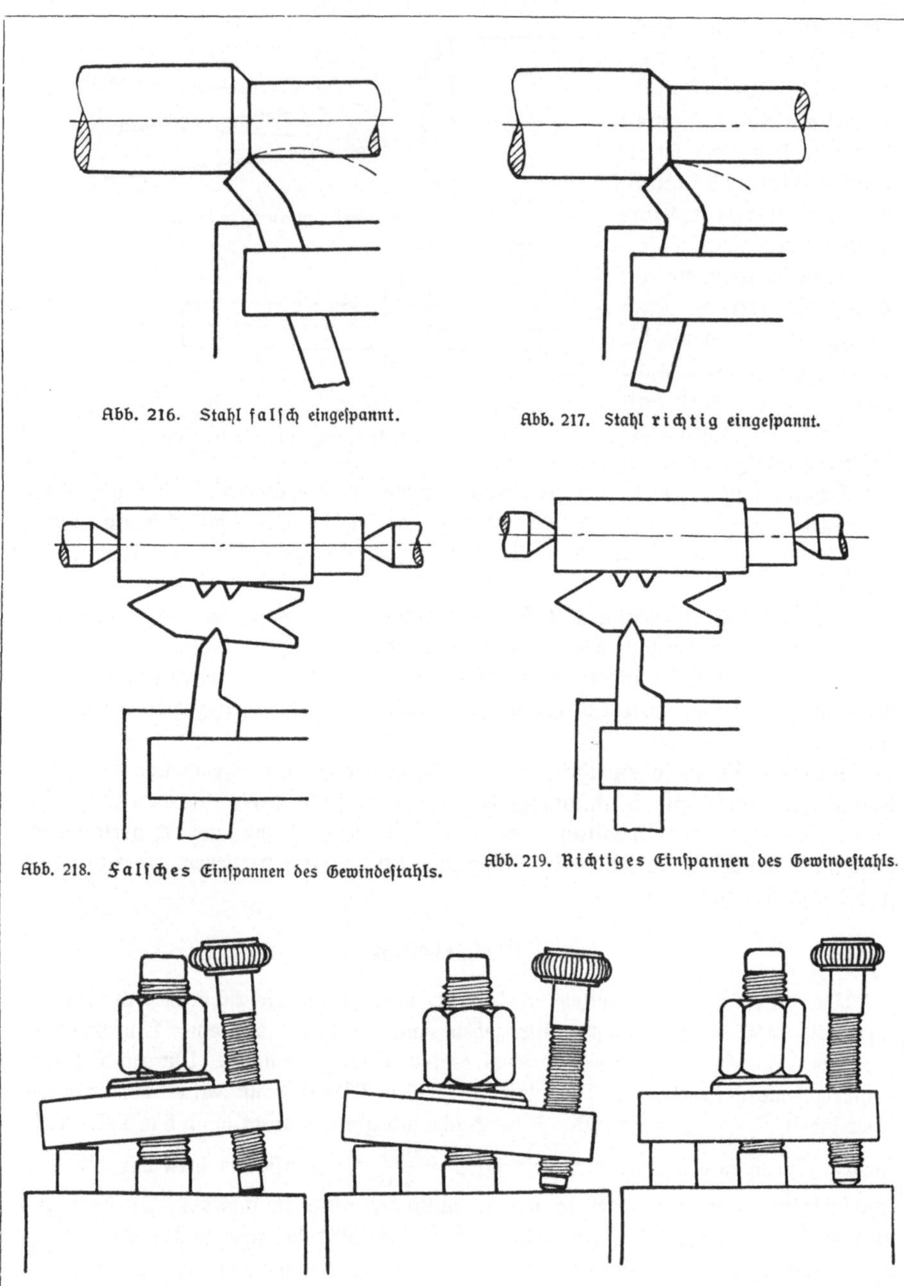

Abb. 216. Stahl falsch eingespannt.

Abb. 217. Stahl richtig eingespannt.

Abb. 218. Falsches Einspannen des Gewindestahls.

Abb. 219. Richtiges Einspannen des Gewindestahls.

geschwindigkeit einer neueren Hobelmaschine beträgt bis 30 m/min oder 0,5 m/sek. Wir finden sie, indem wir den Weg, den der Hobeltisch zurücklegt, durch die Zeit, die er dazu gebraucht, teilen. Beispiel: Der Tisch der Hobelmaschine macht einen Hub von 2 m, die dafür gebrauchte Zeit ist 12 sek $= \frac{1}{5}$ min, dann ist die Schnitt= geschwindigkeit in diesem Falle $\frac{2}{12} = \frac{1}{6}$ m/sek oder $\frac{2}{\frac{1}{5}} = 10$ m/min. Ähnlich liegen

die Verhältnisse beim Drehen. Das runde Werkstück dreht sich, und jeder Punkt auf seiner Oberfläche legt hierbei einen bestimmten Weg zurück. Dieser Weg ist gleich dem Umfang des Werkstückes. Der Umfang ist aber $D \cdot \pi$. Beträgt der Durchmesser des Werkstückes z. B. 80 mm $= 0,08$ m, so ist der Umfang $0,08 \cdot 3,14$ $= 0,2512$ m. Dreht sich dieses Werkstück in 1 min z. B. 120 mal, so ist der ge= samte in 1 min zurückgelegte Weg eines Punktes auf dem Umfang $= 0,2512 \cdot 120$ $= 30,144$ m. In der Sekunde wäre dann die Umfangsgeschwindigkeit $= \frac{30,144}{60}$ m/sek

oder wieder $\frac{Weg}{Zeit}$.[1]) Da uns die Umfangsgeschwindigkeit oder Schnittgeschwindig= keit beim Drehen in der Regel auch in m/min gegeben wird, so brauchen wir nicht durch 60 zu teilen und merken uns:

Umfangsgeschwindigkeit (Schnittgeschwindigkeit) $=$ Umfang $\times$ Umdrehungszahl.

Nachfolgende Zusammenstellung gibt eine Reihe praktischer Schnittgeschwin= digkeiten für das Drehen in m/min an.

Werkstoff	Drehstahl aus	
	Werkzeugstahl	Schnellschnittstahl
Gußeisen	6÷10	14÷20
Maschinenstahl	7÷ 9	16÷24
Schmiedeeisen	10÷13	22÷32
Messing	32÷40	45÷52

Die hauptsächlichsten Dreharbeiten sind Langdrehen und Plandrehen. Beim Langdrehen erfolgt der Vorschub des Werkzeuges in der Längsrichtung der Dreh= bank, beim Plandrehen quer zu dieser Richtung. Zu den Sonderdreharbeiten rechnen wir Kegeldrehen, Formdrehen, Ovaldrehen, Hinterdrehen.

Kurze Kegel können wir durch Schrägstellen des Supports nach einer Grad= einteilung (Abb. 223) von Hand drehen. Auch können wir den Reitstock quer ver= stellen, wie Abb. 224 zeigt. Das Maß der Verschiebung beträgt $e = \frac{d_1 - d_2}{2}$. Häufig zwingen wir auch den Werkzeugschlitten, sich an einem schräggestellten, an der Drehbank befestigten Lineal (Leitlineal oder Konusschiene) entlang zu bewegen, und stellen auf diese Weise gleichfalls Kegel her.

Formdreharbeiten können wir ähnlich ausführen. Wir zwingen den Sup= port entweder durch Gewichtszug oder durch Kurbeln von Hand sich an einer Scha=

---

1) Als Formel $U = \frac{D \cdot \pi \cdot n}{60}$ m/sek, wobei $n =$ Zahl der Umdrehungen/min.

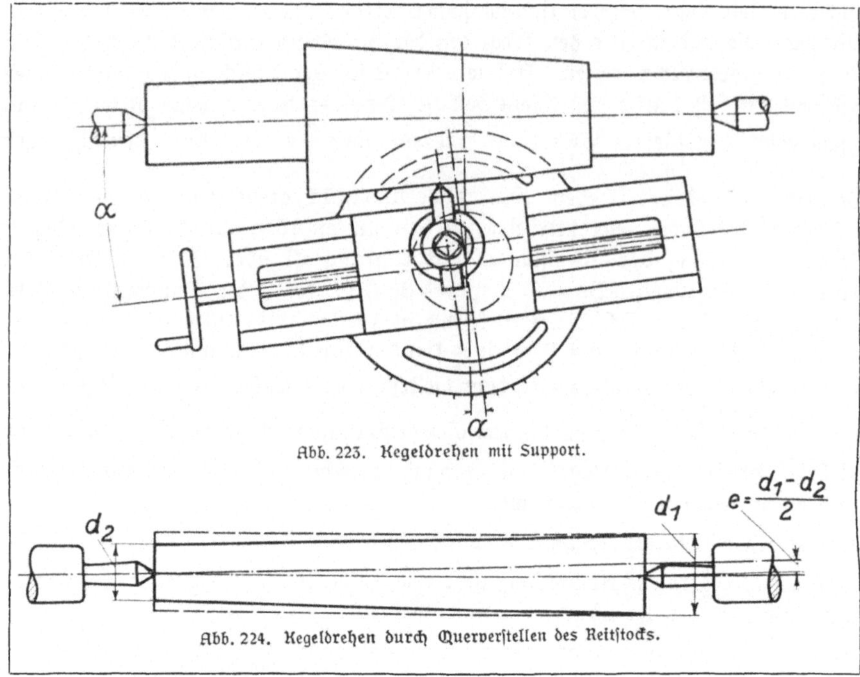

Abb. 223. Kegeldrehen mit Support.

$$e = \frac{d_1 - d_2}{2}$$

Abb. 224. Kegeldrehen durch Querverstellen des Reitstocks.

blone entlang zu bewegen, die die äußere Form des Werkstückes hat. Ovale Teile drehen wir nach ovaler Schablone.

Auch das Gewindeschneiden ist eine Art des Formdrehens. Hierbei hat der Gewindestahl die Form des gewünschten Gewindes. Sehr häufig schneiden wir das Gewinde mit Hilfe der Leitspindel, die sich an der Drehbank befindet. Diese Leit= spindel ist eine Schraubenspindel. Sie greift in eine aus zwei Teilen bestehende Mutter ein, die sich an der mit dem Werkzeugschlitten verbundenen Schloßplatte befindet. Dreht sich die Leitspindel, so bewegt sich die Mutter mitsamt dem Werkzeugschlitten in der Längsrichtung der Drehbank. Die Leitspindel wird über mehrere Zahnräder von der Arbeitsspindel der Drehbank aus angetrieben. Je nach der Steigung des zu schnei= denden Gewindes muß sich die Leitspindel im Verhältnis zur Arbeitsspindel langsamer oder schneller drehen. Dreht sich die Leitspindel schneller, so wird die Gewindesteigung des anzufertigenden Gewindes größer, als wenn sie sich langsamer dreht. Voraus= gesetzt ist, daß sich in beiden Fällen die Arbeitsspindel gleich schnell dreht. Es kommt also in jedem Falle darauf an, das richtige Übersetzungsverhältnis zwischen Ar= beitsspindel und Leitspindel herzustellen, was wir durch Einsetzen verschiedener Zahnräder erreichen können. Diese Zahnräder sind auswechselbar, sie heißen da= her Wechselräder.

Wechselradberechnung.

1. Die einfache Übersetzung. Hat das Zahnrad I (Abb. 225) 35 Zähne, das Rad II 70 Zähne, so dreht sich Rad I zweimal, wenn sich Rad II einmal dreht oder

allgemein: die Umdrehungszahlen der Zahnräder verhalten sich umgekehrt wie die Zähnezahlen. Rad I ist das treibende, Rad II das getriebene Rad. Bei dem in Abb. 225 skizzierten Getriebe ist das Verhältnis der Zähnezahlen 35 : 70 = 1 : 2, das Verhältnis der Umdrehungszahlen 2 : 1. Wird ein drittes Rad, z. B. mit 40 Zähnen zwischengeschaltet (Abb. 226), so ändert sich nur die Drehrichtung, das Verhältnis der Zähnezahlen bleibt dasselbe wie vorher, denn $\frac{35}{40} \cdot \frac{40}{70}$ = 1 : 2. Mithin wird das Verhältnis der Umdrehungs= zahlen wieder 2 : 1.

2. Die doppelte Übersetzung. Hat Rad I 35, Rad II 70, Rad III 50, Rad IV 100 Zähne (Abb. 227) und sitzt Rad II und Rad III auf demselben Bolzen, so er= gibt sich die Übersetzung: $\frac{35}{70} \cdot \frac{50}{100}$ = 1 : 4.

Entsprechend gestaltet sich eine dreifache Übersetzung (Abb. 228).

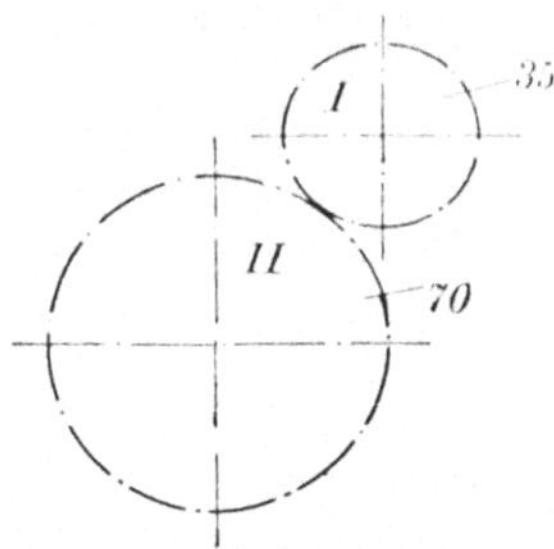

Abb. 225. Einfache Übersetzung.

3. Anwendung auf die Leitspindel=Drehbank.

a) Zoll=Leitspindel und Zoll=Gewinde. Die Leitspindel ist meist nach englischem Zollmaß (1″ = 25,4 mm) geschnitten und hat in der Regel 2 oder 4 Gänge auf 1″, mithin eine Steigung von $\frac{1}{2}$″ oder $\frac{1}{4}$″.

Es soll nun z. B. ein Gewinde von 13 Gängen auf 1″ mit einer Leitspindel von $\frac{1}{4}$″ Steigung geschnitten werden. Dann muß sich der Drehstahl um $\frac{1}{13}$″ bei jeder Umdrehung der Arbeitsspindel verschieben. Die Leitspindel hat aber eine Steigung von $\frac{1}{4}$″.

Also $\frac{1}{4}$″ Verschiebung bei 1 Leitspindelumdrehung,

1″　　　″　　　　″　4 Leitspindelumdrehungen,

$\frac{1}{13}$″　　　″　　　　″　$\frac{4}{13}$　　　　　″

Es müssen sich also verhalten:

1. Umdrehungszahlen: Arbeitsspindel : Leitspindel = 1 : $\frac{4}{13}$
2. Antriebsräder:　　　　　″　：　　″　＝ $\frac{4}{13}$: 1.

Übersetzungsverhältnis also 4 : 13.

Das treibende Rad auf der Arbeitsspindel müßte 4, das getriebene 13 Zähne haben. Da es derartige Räder nicht gibt, so erweitert man die Zahlen 4 und 13 so, daß man passende Zähnezahlen, d. h. Zahlen von Rädern, die bei der Drehbank wirklich vorhanden sind, erhält, z. B. mit 5, und erhält Räder von 20 und 65 Zähnen. Wahrscheinlich werden diese beiden Räder bei der großen Entfernung zwischen Arbeits= spindel und Leitspindel nicht miteinander im Eingriff stehen. Aus diesem Grunde benutzt man Zwischenräder, die jedoch so zu wählen sind, daß sich das Übersetzungs= verhältnis nicht ändert, z. B.

I = 60;　II = 75;　III = 25;　IV = 65 Zähne.

Dies ergibt als Übersetzung: $\frac{60}{75} \cdot \frac{25}{65} = \frac{4}{13}$.

Auf diese Ziffern kommt man z. B. durch Zerlegung des Verhältnisses $\frac{20}{65}$ in $\frac{4}{5}$ und $\frac{5}{13}$ und passende Erweiterung. Die Anordnung der Räder erfolgt nach Abb. 227.

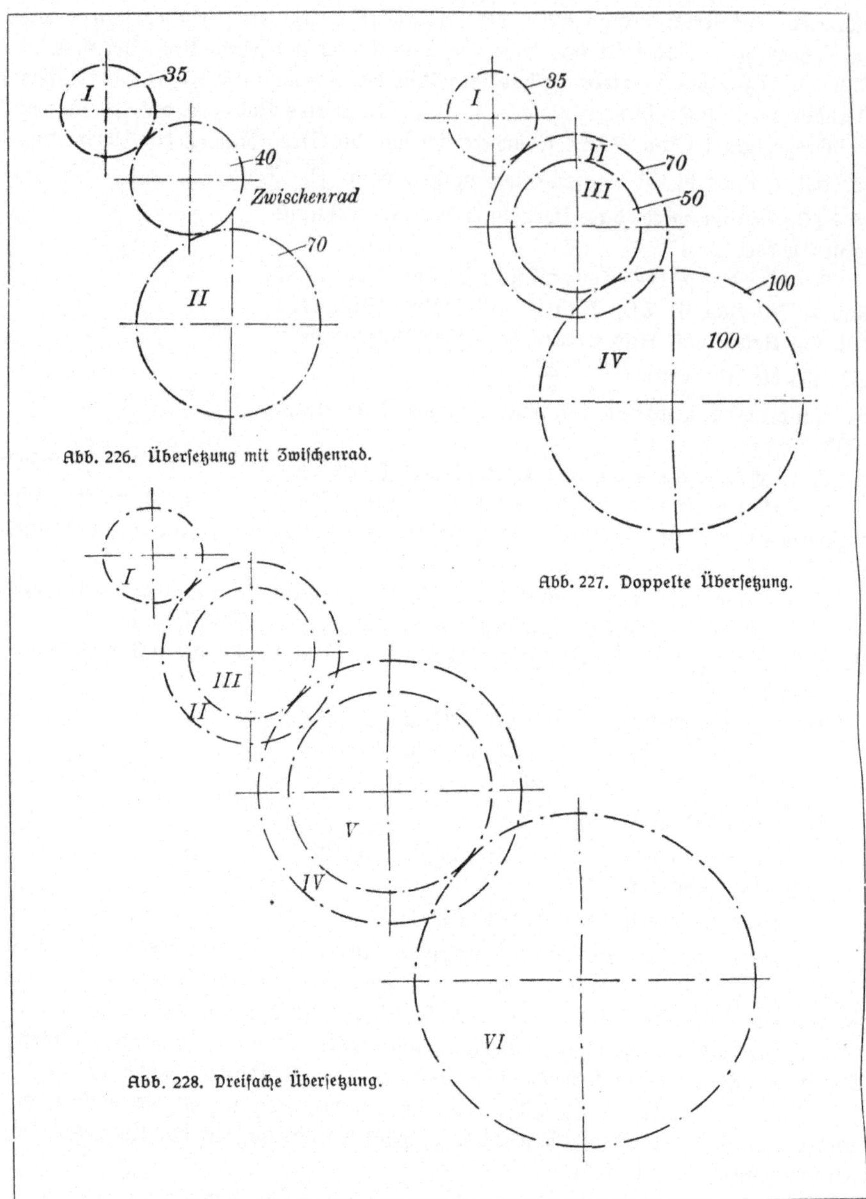

Abb. 226. Übersetzung mit Zwischenrad.

Abb. 227. Doppelte Übersetzung.

Abb. 228. Dreifache Übersetzung.

b) Zoll=Leitspindel und metrisches Gewinde.

In ähnlicher Weise ist zu rechnen, wenn mit Hilfe einer mit Zollmaß versehenen Leitspindel Gewinde mit Millimetermaß zu schneiden ist. Z. B. die Leitspindel habe eine Steigung von $\frac{1}{4}''$. Es soll ein Gewinde von 11 mm Steigung geschnitten werden.

$$1'' = 25{,}4 \text{ mm} = \frac{254}{10}, \quad \frac{1''}{4} = \frac{254}{40}, \text{ gekürzt} = \frac{127}{20}$$
$$11 \text{ mm} = \frac{220}{20} \text{ mm}.$$

Das Übersetzungsverhältnis zwischen Arbeitsspindel und Leitspindel ist:

$$\frac{220}{20} : \frac{127}{20} = \frac{220}{127}.$$

Ein Rad mit 220 Zähnen ist nicht vorhanden. Durch Zerlegung und passende Erweiterung erhält man z. B.

$$I = 80; \quad II = 20; \quad III = 55; \quad IV = 127 \text{ Zähne.}$$

Dies ergibt als Übersetzung: $\frac{80}{20} \cdot \frac{55}{127} = \frac{220}{127}$.

    c) Metrische Leitspindel und metrisches Gewinde.

Hat die Leitspindel mm-Steigung, z. B. Steigung = 10 mm, und soll mm-Gewinde von 2,5 mm Steigung geschnitten werden, so ist der Gang der Rechnung ähnlich wie unter a).

Das Übersetzungsverhältnis zwischen Arbeitsspindel und Leitspindel ist:

$$\frac{2{,}5}{10} = \frac{25}{100}.$$

Das treibende Rad auf der Arbeitsspindel hätte bei einfacher Übersetzung 25, das getriebene Rad der Leitspindel 100 Zähne. Ist die doppelte Übersetzung anzuwenden, so erhält man durch Zerlegung und Erweiterung obiger Ziffern, die z. B. folgendermaßen vorzunehmen ist:

$$\frac{25}{100} = \frac{1}{2} \cdot \frac{25}{50} = \frac{40}{80} \cdot \frac{25}{50}$$

$$\text{Rad } I = 40; \quad II = 80; \quad III = 25; \quad IV = 50 \text{ Zähne.}$$

Dies ergibt als Übersetzung: $\frac{40}{80} \cdot \frac{25}{50} = \frac{2{,}5}{10}$.

    d) Metrische Leitspindel und Zoll-Gewinde.

Schließlich sei noch der Fall angenommen, die Leitspindel habe metrisches Gewinde, z. B. 15 mm. Zu schneiden sei ein Zollgewinde von 8 Gängen auf 3 Zoll ($= \frac{3}{8}''$ Steigung).

Das Übersetzungsverhältnis zwischen Arbeitsspindel und Leitspindel ist:

$$\tfrac{3}{8}'' : 15 \text{ mm.}$$

und da $1'' : 1 \text{ mm} = 330 : 13$, so ergibt sich die Übersetzung:

$$\frac{3 \cdot 330}{8} : 13 \cdot 15 = \frac{165}{52} \cdot \frac{3}{15} = \frac{5 \cdot 3 \cdot 11}{2 \cdot 2 \cdot 13} \cdot \frac{3}{3 \cdot 5} = \frac{5 \cdot 11}{5 \cdot 13} \cdot \frac{3 \cdot 20}{4 \quad 20} = \frac{55}{65} \cdot \frac{60}{80}$$

$$\text{Rad } I = 55; \quad II = 65; \quad III = 60; \quad IV = 80 \text{ Zähne.}$$

Die Anordnung der Räder erfolgt nach Abb. 227

Die Zähnezahlen der zu einer Drehbank gehörigen Wechselräder steigen in der Regel um je 5 von 20 bis 130. Außerdem pflegt ein Rad mit 127 Zähnen bei Zoll-Leitspindeln für das Schneiden von metrischen Gewinden vorhanden zu sein. Doch ist es auch möglich, die Räder derartig umzurechnen, daß man ohne das 127er Rad auskommt, wenn man von folgender Zusammenstellung ausgeht.

Vergleich zwischen metrischem und Zollmaß.

$$
\begin{aligned}
1'' \text{ engl.} &: 1'' \text{ rheinl.} = 33:34 \\
1'' \text{ rheinl.} &: 1'' \text{ engl.} = 34:33 \\
1\ \text{mm} &: 1'' \text{ engl.} = 13:330 \\
1'' \text{ engl.} &: 1\ \text{mm} = 330:13 \\
1\ \text{mm} &: 1'' \text{ rheinl.} = 13:340 \\
1'' \text{ rheinl.} &: 1\ \text{mm} = 340:13.
\end{aligned}
$$

Für die Wechselradberechnung merkt man sich zweckmäßig folgende Formel:

$$
s : S = \frac{z_1 \cdot z_3}{z_2 \cdot z_4} \text{ usw.}
$$

je nachdem, ob es sich um einfache, doppelte oder dreifache Übersetzung handelt. Hierbei bedeutet

$$
\begin{aligned}
s &= \text{Steigung des zu schneidenden Gewindes,} \\
S &= \text{Steigung der Leitspindel,}
\end{aligned}
$$

gleiche Maßbezeichnung voraussetzt. Weiter bedeutet:

$$
\left.\begin{array}{l} z_1 \\ z_2 \\ z_3 \\ z_4 \\ \text{usw.} \end{array}\right\} = \text{Zähnezahlen der Wechselräder.}
$$

In Worten:

$$
\frac{\text{Steigung des zu schneidenden Gewindes}}{\text{Steigung des Gewindes der Leitspindel}} = \frac{\text{Produkt der Zähnezahlen d. treibenden Räder}}{\text{Produkt d. Zähnezahlen d. getriebenen Räder}}.
$$

Beim Gewindeschneiden hat der Dreher auf folgendes zu achten: Bei jedem Schnitt ist der Gewindestahl wieder an derselben Stelle anzusetzen. Man zeichnet daher die Anfangsstellung mit einem Kreidestrich am Bett an. Ist die Gesamtzahl der Leitspindel gerade, die des zu schneidenden Gewindes ungerade, so kennzeichnet man auch die Anfangsstellungen beider Spindeln durch einen Kreidestrich über Zahn und Lücke der Wechselräder. Ist mehrgängiges Gewinde herzustellen, so ist dafür zu sorgen, daß die Zähnezahl des Rades auf der Arbeitsspindel durch die Gangzahl teilbar ist.

Für das Gewindeschneiden bei der Massenherstellung sind vielfach Sondermaschinen im Gebrauch, wie Schraubenschneidmaschinen, Gewindedrehbänke. Auch erfolgt die Herstellung von Gewinden auf Revolverdrehbänken, Automaten und Fräsmaschinen (s. dort).

Hinterdrehen. Das Hinterdrehen können wir uns folgendermaßen klarmachen: Wir stecken eine Pappscheibe auf eine Stricknadel und drehen die Scheibe auf ihr. Die Scheibe soll das Werkstück vorstellen. Während der Drehung bewegen wir einen Bleistift allmählich auf der Scheibe von außen nach innen. Dies entspricht der Bewegung des Drehstahles. Die Figur, die der Bleistift beschreibt, ist eine Spirale, die sog. Hinterdrehkurve. Abb. 229 zeigt, wie eine Spirale entsteht, wenn das Werkstück sich in Pfeilrichtung dreht, während der Drehstahl vorgeschoben wird. Das Hinterdrehen unterscheidet sich aber von dem vorhin gewählten Beispiel dadurch, daß der Drehstahl sich nicht ununterbrochen nach der Mitte des Werkstückes

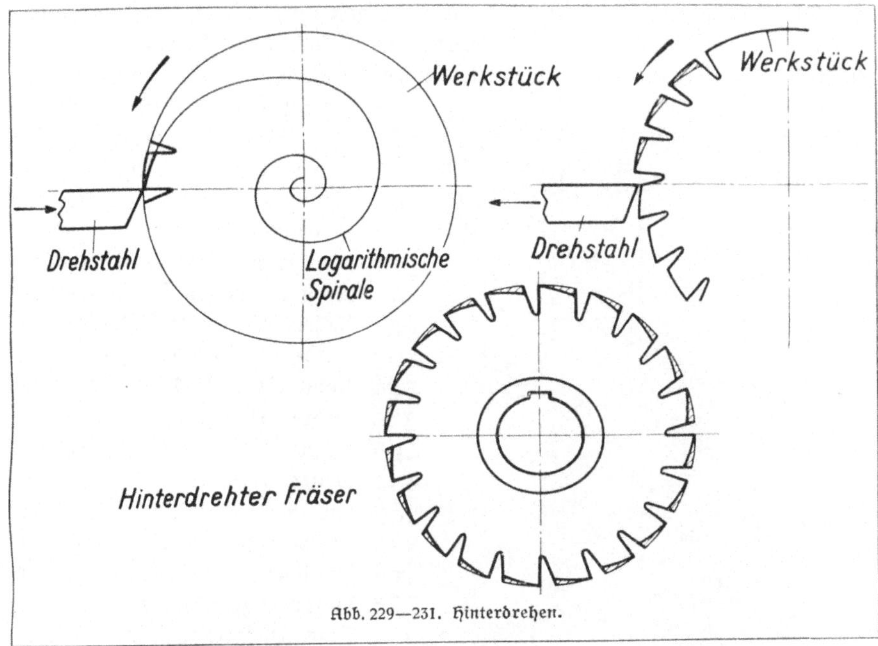

Abb. 229—231. Hinterdrehen.

zu bewegt, sondern rechtzeitig, d. h. vor dem Anfang des neuen Zahnes zurückspringt und bei jedem neuen Zahne seine Arbeit gewissermaßen von vorne beginnt (Abb. 230). Der fertige hinterdrehte Fräser erhält dann die in Abb. 231 wiedergegebene Form.

Beim Drehen ist auf folgendes zu achten: 1. Auf der Drehbank nicht hämmern und klopfen, weil die Bank dadurch beschädigt wird. 2. Schlüssel und dgl. nicht auf die Maschine, sondern auf die dazu bestimmten Bretter legen. Sie sind dann schneller zur Hand und geraten nicht in die Drehbank hinein. 3. Die Bank nach Vorschrift säubern und ölen. Wir können dann genauer und schneller mit ihr arbeiten. 4. Zwecks Unfallverhütung: Vorsicht beim Drehen von Werkstücken mit vorstehenden Teilen, Vorsicht bei abspringenden Spänen (Schutz durch Brille oder vorgehaltenen Handfeger), nur bei Stillstand der Bank messen!

d) Drehbänke und ihre Wirkungsweise.

Abb. 232 zeigt uns eine einfache Drehbank — ohne Leitspindel u. dgl. Wir geben der Gleichmäßigkeit wegen alle Bezeichnungen vom Dreher aus gerechnet. Die dreistufige Stufenscheibe im Spindelstock auf der Drehbank erhält die Drehbewegung ähnlich wie der Schleifstein des Scherenschleifers oder die Nähmaschine durch Fußantrieb. Andere Drehbänke werden wie die meisten Werkzeugmaschinen vom Deckenvorgelege aus angetrieben. Das Deckenvorgelege (Abb. 233) wird seinerseits durch Riemen von der Transmission in Bewegung gesetzt. Die Transmission erhält den Antrieb von dem Elektromotor, der in unserer Werkstatt steht,

5*

über den offenen Antriebsriemen. Ein zweiter, gekreuzter Riemen tritt in Tätigkeit, wenn die Werkzeugmaschine rückwärts laufen soll. Der Elektromotor erhält
den zu seinem Betriebe notwendigen elektrischen Strom durch das Leitungsnetz von
der Dynamomaschine des Kraft-
oder Elektrizitätswerkes. Die
stromerzeugende Dynamoma-
schine wird von einer Dampfma-
schine oder Dampfturbine getrieben. Diese Maschinen erhalten
den notwendigen Dampf aus den
Kesseln, die durch Kohle geheizt
werden. So ist es letzten Endes die
Kohle, die uns die Möglichkeit gibt,
unsere Werkzeugmaschinen zu
treiben. Bevor wir die Drehbank
weiter betrachten, wollen wir
uns noch ein wenig mit dem
Deckenvorgelege (Abb. 233) be-
schäftigen. Die Vorgelegewelle
läuft in Lagern, die in Hängeböcken
liegen. Diese Hängeböcke sind an der
Decke unserer Werkstatt befestigt.
Damit die Vorgelegewelle sich
nicht längs verschieben kann,
sind Stellringe auf ihr befestigt,
von denen in Abb. 233 nur der
linke sichtbar ist. Auf der Vorgelegewelle sitzt genau über der gestrichelt angedeuteten, in Wirklichkeit auch tiefer sitzenden Stufenscheibe der Drehbank eine gleichfalls drei stufige Scheibe, von der
ein gleichfalls gestrichelt angedeu-
teter Riemen zur Drehbank hinun-
terläuft. Schließlich befinden sich
noch auf der Vorgelegewelle zwei
Scheiben, eine Scheibe mit offenem
Riemen für den Arbeitsgang und
eine Scheibe mit gekreuztem Riemen

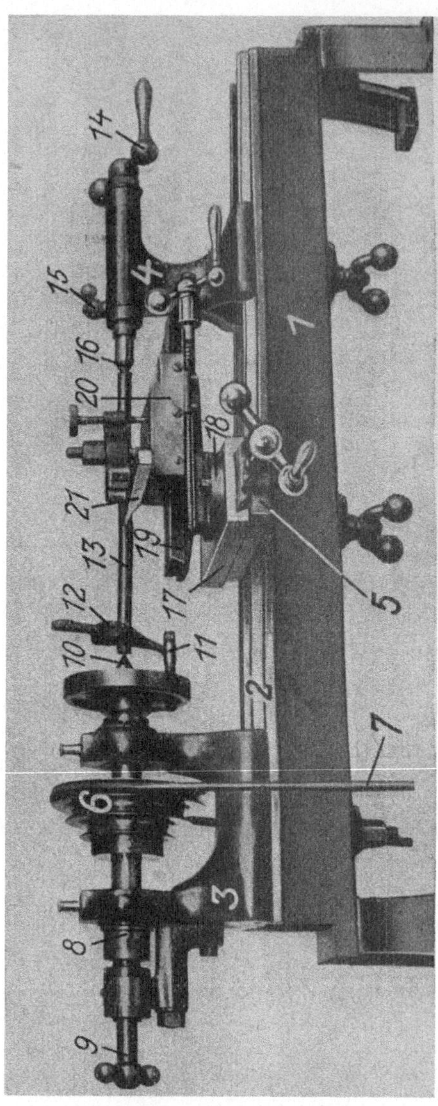

Abb. 232. Drehbank. 1 Bett 2 Wange 3 Spindelstock 4 Reitstock 5 Support 6 Stufenscheibe 7 Antriebsriemen 8 Spindel 9 Spannschlüssel 10 Spindelspitze 11 Mitnehmer 12 Drehherz 13 Arbeitsstück 14 Handkurbel zur Pinole 15 Kugelgriff zur Pinole 16 Reitstockspitze 17 Quersupport 18 Drehteil 19 Längssupport 20 Stahlhalter 21 Drehstahl.

für den Rücklauf. Bei ausgerückter Maschine laufen diese beiden Scheiben leer. Greifen
wir aber den an der Decke drehbar befestigten Ausrückhebel und schieben ihn nach
rechts, so verschiebt sich auch die mit ihm durch den Stangenhalter verbundene Ausrückstange nach rechts. An der Ausrückstange sitzt ein Hebel, der nunmehr eine längs
verschiebbare Kupplung mit der rechten Scheibe durch Reibung kuppelt. Wir er-

halten somit den Ar=
beitsgang der Ma=
schine. Bewegen wir
den Ausrückhebel
nach links, so kuppeln
wir die Kupplung
mit der linken Schei=
be und erhalten we=
gen des gekreuzten
Riemens Rücklauf
der Maschine. Die
Kupplung ist mit
der Vorgelegewelle
verbunden, aber in
der Längsrichtung
verschiebbar. Ist die
Kupplung nach
rechts oder links er=
folgt, dann dreht

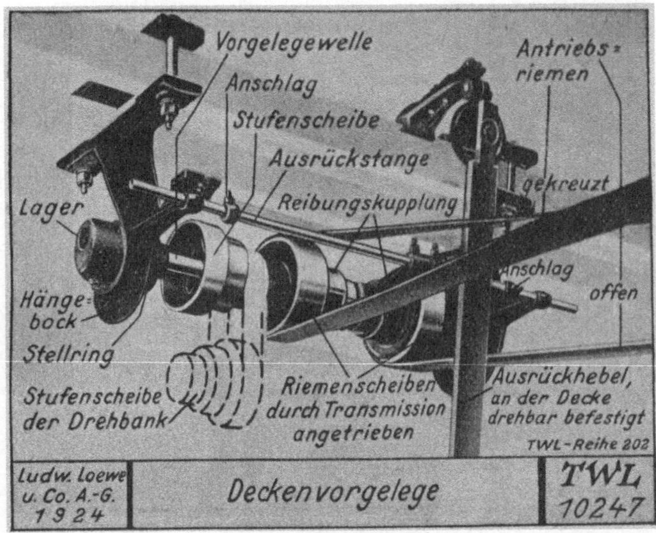

Abb. 233. Deckenvorgelege.

sich die Vorgelegewelle, mit ihr die obere Stufenscheibe und damit auch die unten auf
der Drehbankspindel sitzende Stufenscheibe. So kommt die drehende Bewegung der Ar=
beitsspindel zustande. Die Arbeitsspindel ist im Spindelstock an zwei Stellen gelagert.
Sie ist hohl. Diese Höhlung ist am vorderen Ende konisch zur Aufnahme einer außen
konischen Körnerspitze oder einer sog. Zange (Abb. 234), die mit mehreren Schlitzen
versehen ist. Ziehen wir mit dem links im Bilde (Abb. 232, 9) sichtbaren Schlüssel
die Zange in die hohle Spindel hinein, so wird das vordere Ende der Zange zusammen=

gedrückt und
klemmt das in der
Zange sitzende
Werkstück fest. An
ihrem vorderen

Abb. 234. Zange mit Spannschlüssel.

Ende trägt die Arbeitsspindel Außengewinde zur Aufnahme der mit Innengewinde
versehenen Mitnehmerscheibe, eines Futters oder dgl. Der ganze Spindelstock ist
auf dem Drehbankbett befestigt. Dem Spindelstock gegenüber sitzt der in der Längs=
richtung auf dem Bett verschiebbare Reitstock. Er läßt sich in der gewünschten Lage
auf dem Bett feststellen. Drehen wir die Handkurbel rechts, so schraubt sich die
Pinole mit der Reitstockspitze heraus. Diese Spitze ist im Gegensatz zu der Spitze
im Spindelstock eine tote, d. h. sich nicht mitdrehende Spitze. Damit die Pinole nicht
wackelt, klemmen wir sie durch Zusammenziehen des geschlitzten Reitstockoberteils
mit Hilfe eines Kugelgriffes fest. Zwischen Spindelstock und Reitstock befindet sich
der Support. Wir können den Unterteil durch Kurbeln quer verschieben, können
den Mittelteil mit seiner Drehscheibe drehen und nach einer Gradeinteilung ein=
stellen (z. B. zum Kegeldrehen) und können den Oberteil mit Hilfe einer anderen
Kurbel längs verschieben. Eine festklemmbare Spannklaue hält den Drehstahl fest.

Abb. 235. Leit- und Zugspindeldrehbank von Ludw. Loewe.

Eine größere Drehbank zeigt Abb. 235. An ihr erkennen wir die Hauptteile wieder, die wir bereits bei der Drehbank in Abb. 234 gesehen haben. Neu ist das Vorgelege, das hinter der Arbeitsspindel liegt. Wir schwenken es ein, wenn wir langsameren Gang der Maschine brauchen. Dieses Vorgelege — es ist ein doppeltes — ist in Abb. 236 als Gerippskizze dargestellt. Auf der Arbeits-spindel sitzt lose die Stufenscheibe S, fest aufgekeilt dagegen das Zahnrad D. Ar-beiten wir ohne Vorgelege, so läuft der Riemen vom Deckenvorgelege über eine der drei Stufen S_1, S_2 oder S_3. Verbinden wir Zahnrad D und die Stufenscheibe S durch den gestrichelt angedeuteten Mitnehmerstift miteinander, so dreht sich das Zahnrad D mit und damit auch die Arbeitsspindel. Haben wir mit Vorgelege zu arbeiten, so ziehen wir den Mitnehmerstift heraus und schwenken das Vorgelege, das

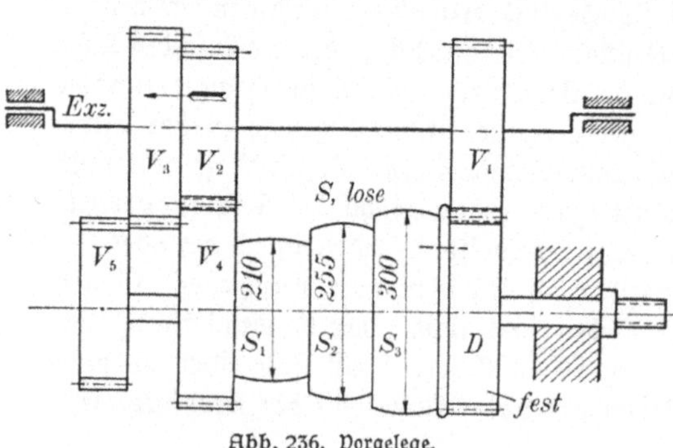

Abb. 236. Vorgelege.

auf einer exzentrischen Welle sitzt, ein. Der Kraftweg ist dann folgender. Der Riemen treibt von dem Deckenvorge-lege über eine der drei Stufen die Stufenscheibe S und das mit ihr ver-bundene Zahnrad V_4, das ebenfalls lose auf der Arbeitsspindel läuft. V_4 treibt das Zahnrad V_2. Dieses sitzt fest auf einer Hülse der Vorgelegewelle. Diese Hülse dreht sich also mit, ebenso das auf der Hülse sitzende Zahn-

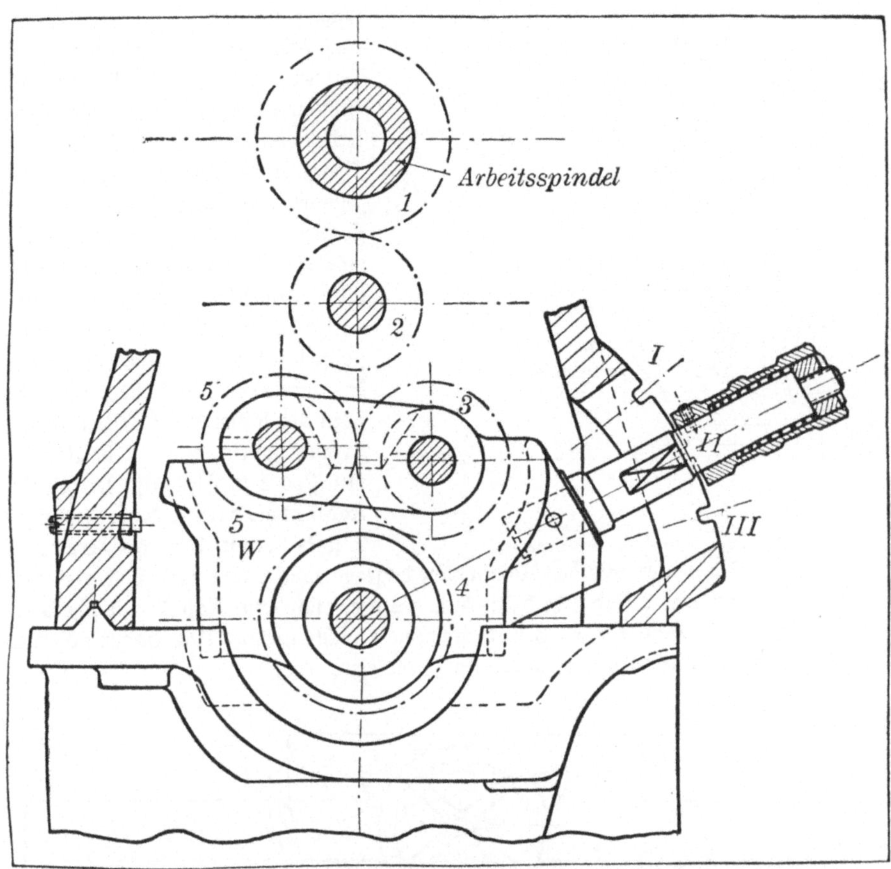

Abb. 237. Antrieb des Vorschubes.

rad V_1. Dieses greift in das Zahnrad D ein. Da D fest auf der Arbeitsspindel sitzt, so dreht sich die Arbeitsspindel mit. Die treibende Kraft hat also gewissermaßen einen Umweg gemacht. So wie beschrieben sind die meisten Vorgelege beschaffen, mit denen wir zu tun haben. Die abgebildete Maschine hat aber noch ein zweites Vorgelege, das durch die Räder V_5 und V_3 gebildet wird. Verschieben wir das Räderpaar $V_3 V_2$ in Pfeilrichtung, was von Hand erfolgt, so kommen die Räder $V_2 V_4$ außer Eingriff, die Räder $V_5 V_3$ dagegen miteinander in Eingriff. Der Weg der Kraft geht dann von der Stufenscheibe S zu dem mit ihr verbundenen Rade V_5. Dieses treibt V_3. Da es fest auf der Vorgelegehülse sitzt, dreht sich diese mit, mit ihr das Rad V_1. Dieses treibt das Rad D und damit die Arbeitsspindel. Wir erhalten auf diese Weise 9 verschiedene Geschwindigkeiten der Arbeitsspindel, nämlich 3 ohne Vor= gelege, 3 mit den Rädern V_4, V_2 und 3 mit den Rädern V_5, V_3.

Wenn wir einen Blick von links in den Spindelstock der Maschine hineintun könnten, so würden wir dort zahlreiche Räder sehen, die dazu dienen, den selbst= tätigen Vorschub zu bewerkstelligen. Wir benutzen Abb. 237, um uns die Wir=

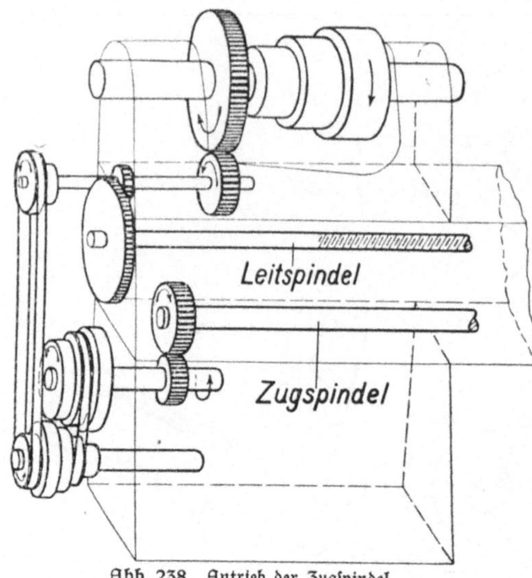

Abb. 238. Antrieb der Zugspindel.

tungsweise klarzumachen. Alle Zahnräder sind strichpunktiert gezeichnet und in der Zeichnung mit Nummern versehen. Mit der hohlen Arbeitsspindel dreht sich Rad 1. Dieses treibt Rad 2. In der gezeichneten Stellung ist eine weitere Fortsetzung der Drehbewegung nicht möglich. Das bedeutet: der selbsttätige Vorschubmechanismus ist ausgeschaltet. Klinken wir aber den Feststellstift bei II aus, schwenken das gußeiserne Wendeherz W nach oben und lassen den Feststellstift in I einschnappen, dann steht Rad 3 mit Rad 2 in Eingriff. Dreht sich Rad 1 rechts herum, dann dreht sich 2 links herum, 3 rechts herum, 4 links herum. Schwenken wir das Wendeherz dagegen nach unten und stellen es bei III fest, dann tritt auch Rad 5 in Tätigkeit. Es dreht sich dann Rad 1 rechts herum, 2 links herum, 5 rechts herum, 3 links herum, 4 rechts herum. Wir haben also die Bewegung des Rades 4 auf diese Weise umgekehrt.

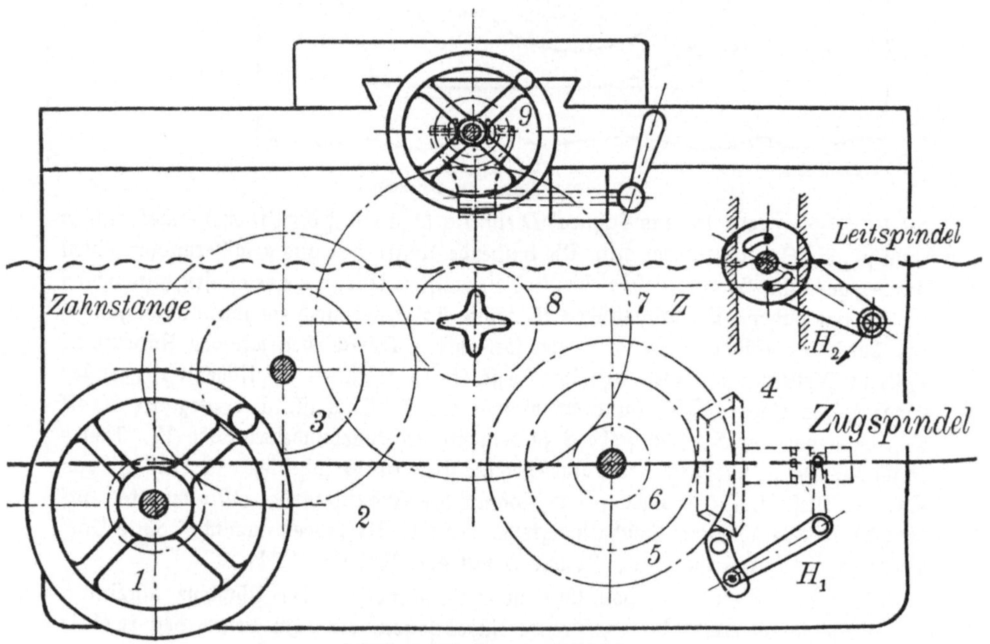

Abb. 239. Schloßplatte der Drehbank.

Die Welle, auf der Rad 4 sitzt, tritt links aus dem Spindelstock der Maschine heraus. Auf dieser Welle sitzt draußen wieder ein Zahnrad, um das wir uns zunächst nicht kümmern. Auf dem linken Ende der Welle sitzt jedoch eine Stufenscheibe, von der ein Riemen nach unten läuft. Aus Abb. 238 sehen wir den weiteren Verlauf dieses Vorschubantriebes und bemerken, daß schließlich über ein Zahnräderpaar, das an der Maschine selbst nicht zu sehen ist, weil es in einer Schutzkappe steckt, die Zugspindel angetrieben wird. Die Zugspindel ist eine glatte Spindel, von der aus, wie wir gleich sehen werden, die selbsttätige Vorschubbewegung weitergeleitet wird.

Wir kehren noch einmal zu Abb. 235 zurück und betrachten die Stelle, an der die Welle zu Rad 4 (Abb. 237) aus der Maschine heraustritt. Auf dieser Welle sitzt außen das vorhin übergangene Zahnrad. Dieses steht — nicht unmittelbar, sondern über auswechselbare Räder (Wechselräder) — mit einem Zahnrad auf der Leitspindel in Eingriff und kann somit die Leitspindel drehen. Die Leitspindel ist im Gegensatz zu der glatten Zugspindel mit Gewinde versehen. Sie wird, da ihr Antrieb ausschließlich über Räder erfolgt und somit zwangläufig ist, für genauere Arbeiten benutzt, in erster Linie zum Gewindeschneiden.

Wir wollen schließlich noch an einer weiteren Gerippskizze (Abb. 239) die Bewegungen verfolgen, die für die verschiedenen Vorschubarten notwendig sind:

Handzug: Wir drehen das Handrad links unten auf der Schloßplatte. Mit ihm dreht sich Stirnrad 1. Dieses treibt Stirnrad 2. Mit ihm dreht sich Stirnrad 3. Stirnrad 3 wälzt sich auf einer am Drehbankbett befestigten Zahnstange ab. Auf diese Weise verschiebt sich die Schloßplatte und der mit ihr verbundene Werkzeugschlitten.

Abb. 240. Revolverdrehbank von Ludw. Loewe.

Langzug (mit Hilfe der Zugspindel): Wir verschieben den Hebel H_1 von oben nach unten, verschieben damit mit dem anderen Ende des Doppelhebels H_1 das Kegelrad 4 so, daß es mit dem Kegelrad 5 in Eingriff steht. Dreht sich nun die Zugspindel, so dreht sich mit ihr Kegelrad 4. Dieses treibt Kegelrad 5. Auf derselben Achse sitzt Stirnrad 6, dieses treibt Stirnrad 7. Mit ihm dreht sich Rad 8, das wir mit Rad 7 kuppeln können. Rad 8 treibt Rad 2. Damit dreht sich Rad 3, das auf derselben Achse sitzt. Dieses rollt sich auf der Zahnstange Z wie vorhin ab, wobei das Handrad bei 1 lose mitläuft.

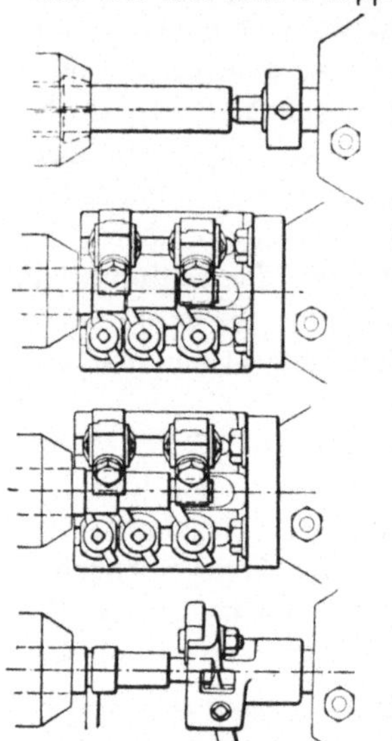

Planzug: Der Planzug erfolgt von der Zugspindel aus über die Räder 4, 5, 6, 7, 9 und von da aus nach der Planspindel des Werkzeugschlittens. Rad 7 und 8 müssen aber entkuppelt werden, während 9 mit 7 durch Bewegung eines Handhebels miteinander in Eingriff zu bringen sind.

Gewindezug: Hierzu verwenden wir die Leitspindel. Wir ziehen zwei Mutterhälften, die hinter der Schloßplatte geführt sind, durch einen Handgriff zusammen. Dann steht die Schloßmutter mit der Leitspindel in Eingriff. Dreht sich die Leitspindel, so verschiebt sich die Schloßplatte, an der die geteilte Mutter sitzt.

Eine Revolverdrehbank ist in Abb. 240 dargestellt. Ihr besonderes Kennzeichen ist der Revolverkopf auf dem Revolverschlitten. Dieser befindet sich an der Stelle, wo bei der gewöhnlichen Drehbank der Reitstock sitzt. Der Revolverkopf hat mehrere Bohrungen zur Aufnahme von Werkzeugen. Außerdem sitzen auf dem Bett der Bank zwei Quersupporte, der eine vor, der andere hinter dem Werkstück. Wie der Revolverdreher arbeitet, wollen wir an der Herstellung eines Schraubenbolzens beobachten (Abb. 241). 1. Er

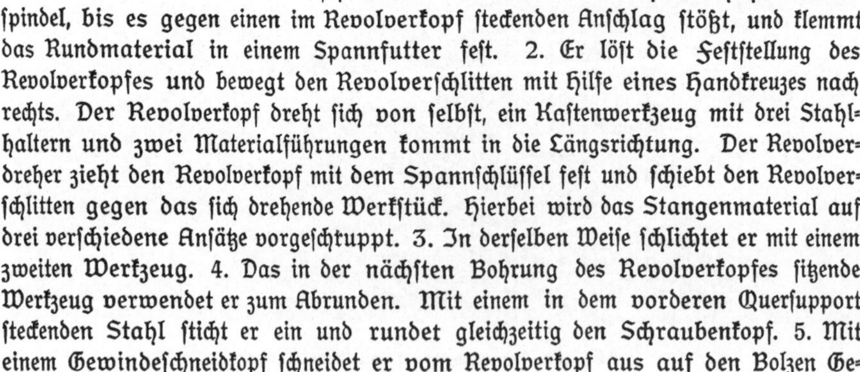

Abb. 241. Herstellung eines Schraubenbolzens auf der Revolverdrehbank.

schiebt das Rundmaterial durch die hohle Arbeitsspindel, bis es gegen einen im Revolverkopf steckenden Anschlag stößt, und klemmt das Rundmaterial in einem Spannfutter fest. 2. Er löst die Feststellung des Revolverkopfes und bewegt den Revolverschlitten mit Hilfe eines Handkreuzes nach rechts. Der Revolverkopf dreht sich von selbst, ein Kastenwerkzeug mit drei Stahlhaltern und zwei Materialführungen kommt in die Längsrichtung. Der Revolverdreher zieht den Revolverkopf mit dem Spannschlüssel fest und schiebt den Revolverschlitten gegen das sich drehende Werkstück. Hierbei wird das Stangenmaterial auf drei verschiedene Ansätze vorgeschtuppt. 3. In derselben Weise schlichtet er mit einem zweiten Werkzeug. 4. Das in der nächsten Bohrung des Revolverkopfes sitzende Werkzeug verwendet er zum Abrunden. Mit einem in dem vorderen Quersupport steckenden Stahl sticht er ein und rundet gleichzeitig den Schraubenkopf. 5. Mit einem Gewindeschneidkopf schneidet er vom Revolverkopf aus auf den Bolzen Ge-

Abb. 242. Arbeitsweise der Revolverdrehbank.

winde und sticht die Schraube vom hinteren Quersupport aus ab. Abb. 242 zeigt eine ganz ähnliche Arbeit. Wir blicken hierbei von oben auf die Maschine und sehen unter anderem das Werkstück, die beiden Quersupporte und die im Revolver=kopf befestigten Werkzeuge.

Bei Automaten erfolgen sämtliche Bewegungen selbsttätig, nachdem die Ma=schinen einmal eingestellt sind.

8. Schleifen.

a) Der Schleifvorgang.

Der Sandstein nimmt mit seinen zahlreichen feinen Spitzchen Späne von dem Werkstück und ist daher mit einer ganz feinen Raspel zu vergleichen. Ist der Schleif=stein trocken, so greifen die einzelnen Körnchen besser an, aber die Werkzeuge oder Werkstücke, die geschliffen werden, erwärmen sich leichter und glühen aus. Daher schleifen wir mit Vorliebe naß, und zwar entweder mit Wasser oder auch mit Öl, wie bei den Ölsteinen. Die Flüssigkeit bildet mit den losgetrennten Teilchen einen feinen Schlamm. Dieser bewirkt ein sanfteres Angreifen. In derselben Weise wirken auch die Wetzsteine und die Schmirgelscheiben. Schmirgel ist ein Naturerzeugnis, das besonders auf der Insel Naxos in Kleinasien gefunden wird. Schmirgelleinen oder Schmirgelpapier enthält Schmirgel in Pulverform.

Auch die künstliche Schleifscheibe wirkt ähnlich. Die Schleifmittel, die mit Bindemitteln zu Schleifscheiben gepreßt werden, sind Aluminiumoxyd und Siliziumkarbid. Sie haben die verschiedensten Namen, die zu der ersten Gruppe gehörigen Alundum, Elektrit, Elektrorubin, Corundum und andere, die zur zweiten Gruppe gehörigen heißen z. B. Carborundum, Carbosilit, Carbolon, Crystolon. Siliziumkarbid hat man bei den Versuchen zur Herstellung künstlicher Diamanten gefunden. Es ist aus Sand und Koks bei hoher Temperatur im elektrischen Ofen entstanden. Die Kristalle, die fast so hart wie Diamanten sind und ihnen ähneln, werden zu Pulver zermahlen und mit einem Bindemittel zu Schleifsteinen verschiedener Form gepreßt. Solche Schleifscheiben enthalten dann unzählige kleine Schleifkristalle, die wie die Schneiden eines Schneidwerkzeuges wirken. Man hat ausgerechnet, daß bei einer Schleifscheibe von 500 mm Φ und 50 mm Breite 10 000 000 solcher feinen Schneiden auftreten. Beim Schneiden nutzen sich natürlich diese winzig kleinen Körnchen ab. Die Schneiden werden stumpf und hören auf zu schneiden oder können nur unter Druck zum Schneiden gebracht werden. Überschreitet der Druck die Festigkeit des Bindemittels, so bricht das Korn aus der Schleifscheibe aus, und das dahinter liegende wird frei und schneidet. Ist das Bindemittel richtig gewählt, so hält sich auf diese Weise eine Schleifscheibe von selbst scharf. Für weiches Material verwenden wir harte Scheiben, für hartes Material weiche Scheiben. Beim Rundschleifen verwenden wir Kühlwasser, weil sonst die abgetrennten Spänchen zu Kügelchen zusammenschmelzen.

Beim Trockenschliff ist Staubabsaugung aus gesundheitlichen Gründen notwendig.

b) Aufspannen zum Schleifen.

Zum Rundschleifen nehmen wir das Werkstück zwischen die Spitzen oder auf einen Dorn, ähnlich wie beim Drehen. Wie ein Schleifrad zweckmäßig aufzuspannen ist, zeigt Abb. 243. Die Schleifscheibe ist zwischen Flanschen eingeklemmt, die mit Weißmetall ausgegossen sind oder Gummi-Zwischenlagen erhalten. Zum Planschleifen spannen wir das Werkstück ähnlich wie zum Hobeln auf (s. Abschnitt Hobeln). Abb. 244 zeigt uns, wie wir einen Fräser zum Scharfschleifen aufzu-

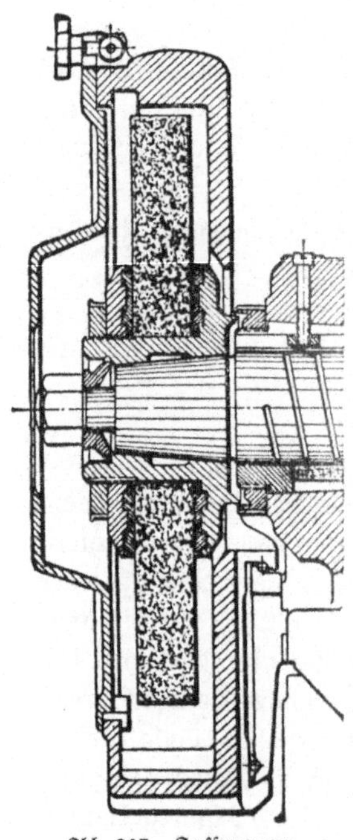

Abb. 243. Aufspannen der Schleifscheibe.

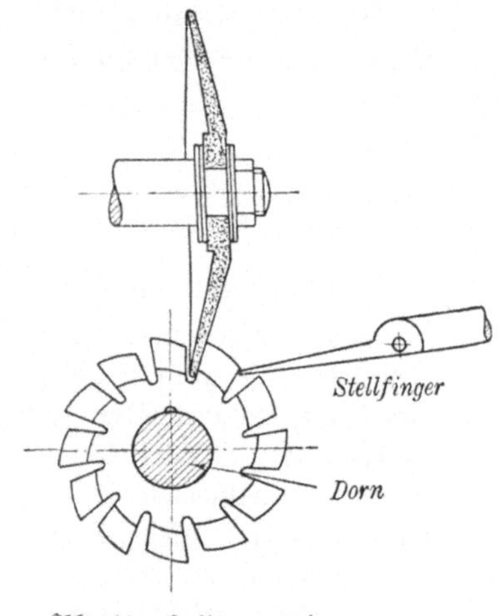

Abb. 244. Aufspannen eines Fräsers zum Scharfschleifen.

spannen haben. Er sitzt auf einem Dorn und ist durch einen Stellfinger abgestützt, damit er beim Schleifen nicht ausweicht. Spiralbohrer über 10 mm Φ sollen wir auf einer besonderen Spiralbohrerschleifmaschine (Abb. 245) schleifen, damit die Werkzeuge ihre Schneidenform nicht unzulässig verändern. Wir legen den Spiralbohrer zum Schleifen einfach in die V-förmige Unterlage und schwenken diese hin und her, während die Schleifscheibe sich dreht. Kleinere Spiralbohrer, Meißel, Drehstähle u. dgl. schleifen wir meistens von Hand.

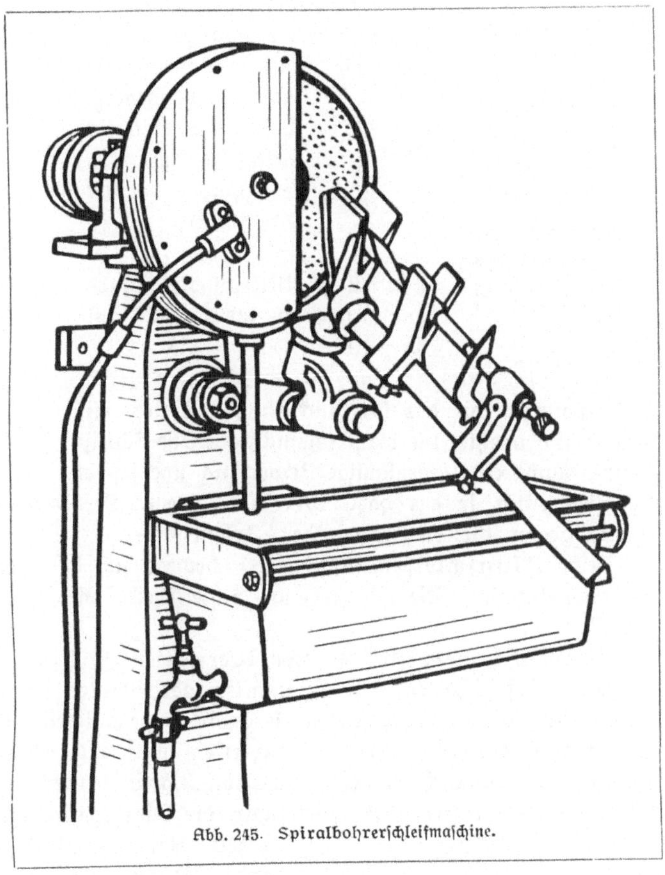

Abb. 245. Spiralbohrerschleifmaschine.

c) Schleifarbeiten.

Beim Rundschleifen (Abb. 246) dreht sich die Schleifscheibe mit einer Umfangsgeschwindigkeit von etwa 30 m/sek. Das Werkstück, das 0,3 bis 0,8 mm Übermaß zu haben pflegt, macht eine gegenläufige Bewegung mit etwa 12 m/min Umfangsgeschwindigkeit. Gleichzeitig bewegt es sich mit dem Aufspanntisch der Maschine in der Längsrichtung. Das Maß der Längsbewegung pflegt $^2/_3$ bis $^3/_4$ der Scheibenbreite, bei Gußeisen $^3/_4$ bis $^5/_6$ der Scheibenbreite bei einer Umdrehung des Werkstückes zu betragen. Die Querbewegung oder der Vorschub des Werkstückes auf die Schleifscheibe zu ist nur gering. Er beträgt bei Stahlwellen z. B. 0,003

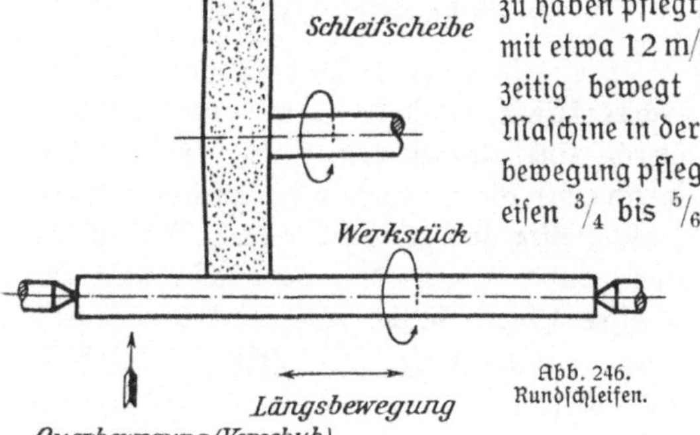

Abb. 246. Rundschleifen.

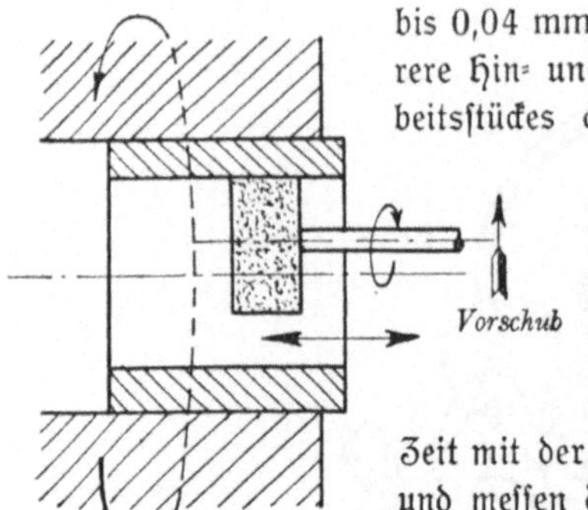

Abb. 247. Innenschleifen.

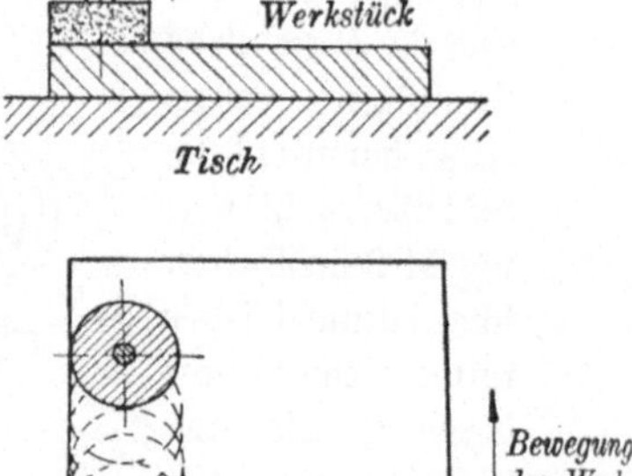

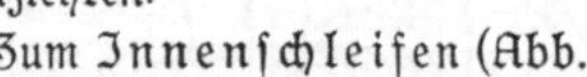
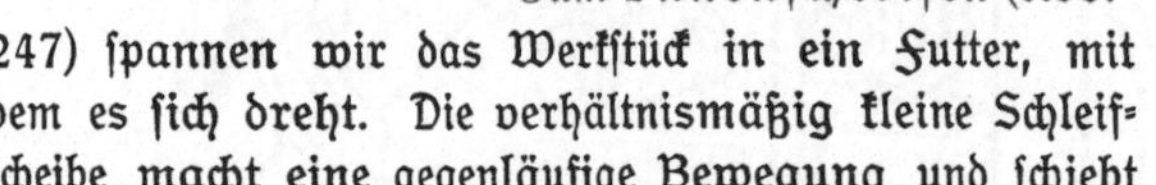

Abb. 248. Planschleifen.

bis 0,04 mm. Es sind also mehrere Hin- und Hergänge des Arbeitsstückes an der Schleifscheibe vorbei notwendig, bis das Stück fertig geschliffen ist. Den Durchmesser des Werkstückes prüfen wir von Zeit zu Zeit mit der Mikrometerschraube und messen das fertige Stück mit Grenzlehren.

Zum Innenschleifen (Abb. 247) spannen wir das Werkstück in ein Futter, mit dem es sich dreht. Die verhältnismäßig kleine Schleifscheibe macht eine gegenläufige Bewegung und schiebt sich gleichzeitig in das hohle Werkstück hinein. Der Vorschub der Schleifscheibe erfolgt gegen die Innenwand des Arbeitsstückes.

Beim Planschleifen (Abb. 248) bewegt sich das Werkstück in Richtung des Doppelpfeiles. Die sich drehende Schleifscheibe wird gegen das Werkstück zugestellt.

Scharfschleifen. Auf manchen Werkzeugen (Fräsern u. dgl.) finden wir den Vermerk: „Oft schärfen!" Es ist nämlich vorteilhafter, kleine Abnutzungen durch leichtes Nachschleifen auszugleichen als grobe Ungenauigkeiten durch starke Materialabnahme zu entfernen. Starkes Abschleifen führt auch leicht zum Ausglühen des Werkzeuges, wodurch es seine Schneidhaltigkeit verliert. Beim Schleifen von spitzgezahnten Fräsern z. B. lassen wir die Schleifscheibe nach der Schneide hin laufen. Auf diese Weise wird das zu schleifende Werkzeug gegen den Stellfinger gedrückt und liegt fest an. Hinterdrehte Fräser müssen wir an der Zahnbrust genau radial schleifen, da die Zähne sonst ihre richtige Form verlieren.

d) Schleifmaschinen.

Die einfachste Schleifmaschine ist der Schleifstein, der in kleineren Betrieben häufig durch eine Kurbel von Hand, in größeren durch einen Riemen angetrieben wird (Abb. 249). Naßschleifen ist hierbei die Regel. Wir müssen aber dafür sorgen, daß der Stein nicht im Wasser hängen bleibt, weil er sich sonst voll saugt, ungleichmäßig läuft („schlägt") und bald unrund wird.

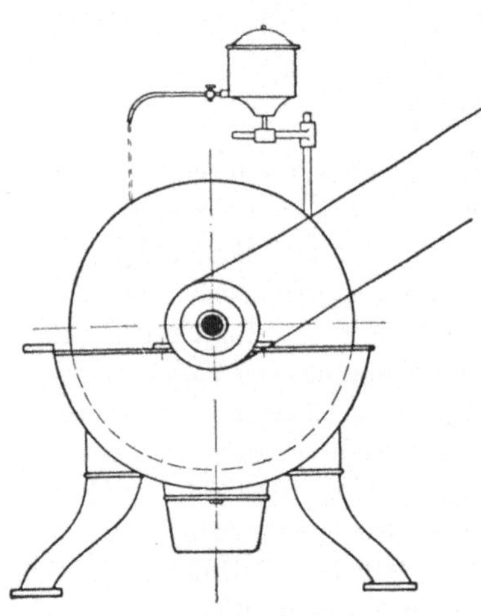

Abb. 249. Schleifstein.

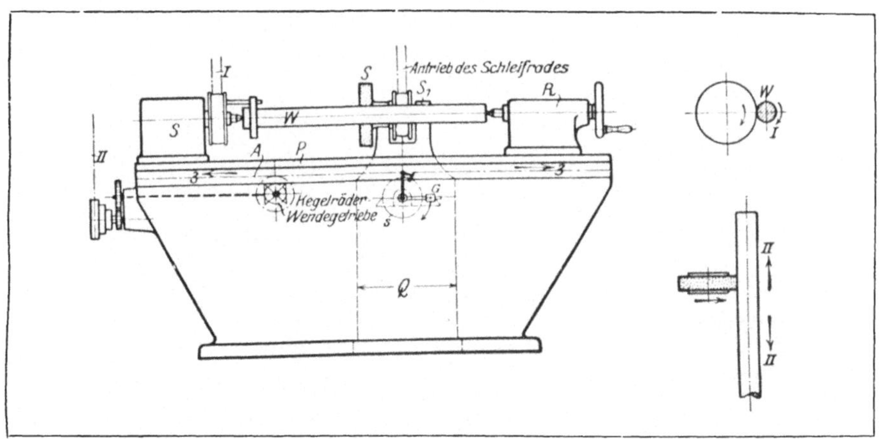

Abb. 250. Schleifmaschine.

Eine Rundschleifmaschine ist in Abb. 250 als Gerippskizze dargestellt.[1]) Wir nehmen das Werkstück W wie beim Langdrehen zwischen die Spitzen des Spindelstocks S und des Reitstocks R. Die kreisende Bewegung erhält das Werkstück vom Spindelstock S durch den Riemen I. Der Längsvorschub in Richtung II wird durch den Schleiftisch A ausgeführt, der durch den Riemen II an=

Abb. 251. Rundschleifmaschine von Ludw. Loewe.

1) Nach Hülle, Die Grundzüge der Werkzeugmaschinen und der Metallbearbeitung. Berlin 1919.

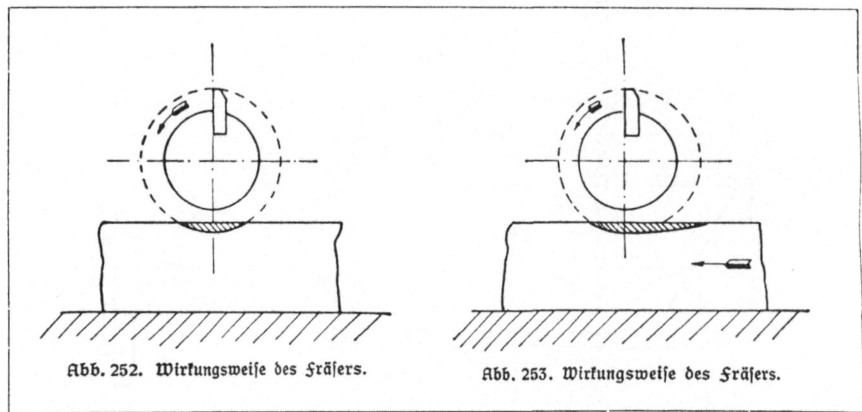

Abb. 252. Wirkungsweise des Fräsers.　　Abb. 253. Wirkungsweise des Fräsers.

getrieben und durch ein Kegelräderwendegetriebe umgesteuert wird. Haben wir kegelige Werkstücke zu schleifen, so stellen wir die drehbare Platte P auf den Kegelwinkel ein. Das Schleifrad S sitzt auf der Schleifspindel des Schleifschlittens S_1 und wird durch einen Riemen angetrieben. Um das Schleifrad an das Werkstück anzustellen, verstellen wir mit dem Handrad K den Schleifschlitten auf dem Querbett Q. Eine Rundschleifmaschine bei der Arbeit zeigt uns Abb. 251.

Zum Planschleifen verwenden wir Flächenschleifmaschinen, zum Werkzeugschleifen besondere Werkzeugschleifmaschinen. Außerdem gibt es noch zahlreiche Sonderschleifmaschinen, z. B. Kolbenringschleifmaschinen, Zahnräderschleifmaschinen und andere.

9. Fräsen.

a) Die verschiedenen Fräser und ihre Wirkungsweise.

Nehmen wir an, der sich drehende Fräser habe nur eine Schneide und das Werkstück stehe still, dann bildet sich ein Span nach Abb. 252. Verschiebt sich dagegen gleichzeitig das Werkstück, dann wird der Span länger (Abb. 253). Hat der Fräser mehrere Schneiden, wie es tatsächlich der Fall ist, so überschneiden sich die einzelnen Spangrenzen, und es entstehen Fräswellen (Abb. 254), die wir auf gefrästen Werkstücken erkennen können. Hat der Fräser viele Zähne, so werden diese Spuren kleiner, die Arbeit wird sauberer. Stehen die Zähne dicht aneinander (kleine Zahnteilung), so arbeiten mehrere Zähne gleichzeitig. Dadurch wird der Schnittwiderstand größer und ebenso der Kraftverbrauch der Maschine. Wird der Widerstand zu groß, dann brechen die Zähne. Daher verwenden wir feingezahnte Fräser gern zum Schlichten, grobgezahnte wegen des geringen Schnittwiderstandes zum Schruppen. Der einzelne Zahn wird dann aber stärker beansprucht. Daher sind Schruppfräser in der Regel aus dem leistungsfähigeren Schnellschnittstahl gefertigt, während Schlichtfräser aus gewöhnlichem Werk-

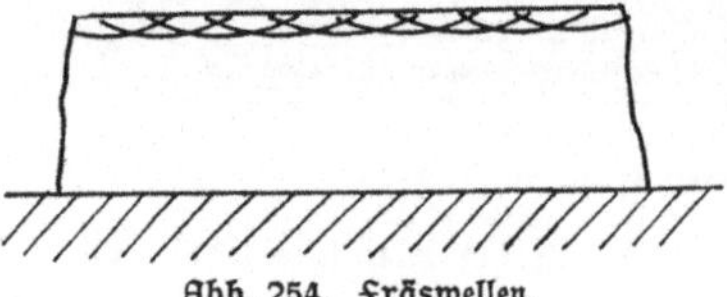

Abb. 254. Fräswellen.

zeugstahl zu bestehen pflegen. Bei richtiger Zähnezahl und richtigem Vorschub arbeitet der Fräser wie in Abb. 255 gezeigt ist. Die Späne erhalten kommaartige Form. Zu beachten ist, daß der Fräser sich gegen das Werkstück bewegt. Er beginnt mit der kleinsten Kraftleistung und steigert sie allmählich. Bewegte sich das Werkstück mit dem Fräser gleichläufig, so müßte dieser mit der größten Leistung beginnen, er würde stoßend auf die harte Gußkruste auftreffen und bald stumpf werden.

Wir können die Fräser in zwei Hauptarten einteilen: Spitzgezahnte Fräser (Abb. 256) und Hinterdrehte Fräser (Abb. 257). Meistens benennen wir sie nach ihrer Form oder ihrem Verwendungszweck. Der Walzenfräser (Abb. 258), der zum Bearbeiten

Abb. 255. Spanbildung beim Fräsen.

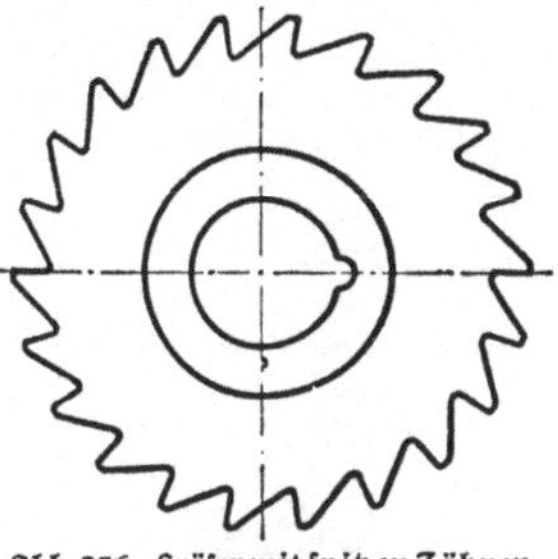

Abb. 256. Fräser mit spitzen Zähnen.

ebener Flächen dient, hat schräge oder spiralige Zähne. Diese greifen allmählich an und führen die Späne besser seitlich ab. Damit die Späne nicht zu lang werden und sich nicht um das Werkzeug herumwickeln, haben Walzenfräser für schwere Schnitte Nuten in den einzelnen Zähnen (Abb. 259), die den Span unterbrechen. Stirnfräser (Abb. 260) schneiden auch auf der Stirnseite. Zuweilen setzen wir mehrere Fräser auf einen Dorn, um gleichzeitig mehrere Flächen bearbeiten

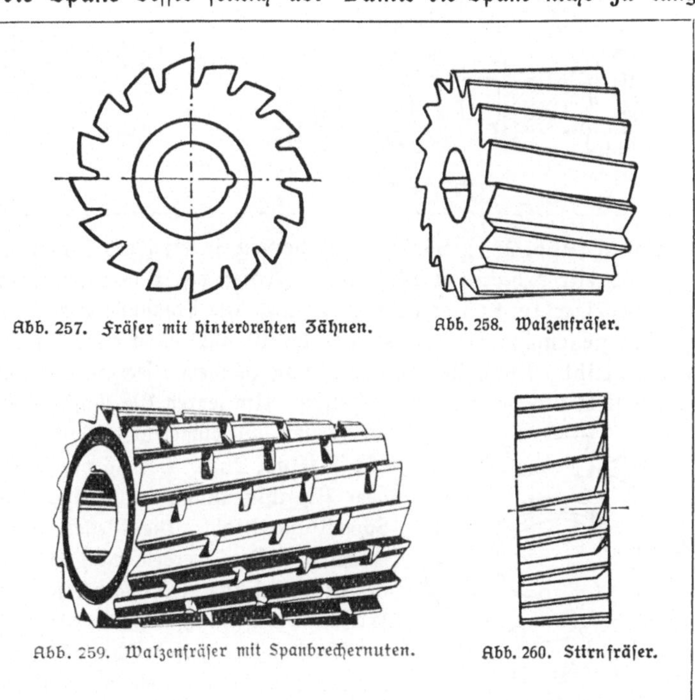

Abb. 257. Fräser mit hinterdrehten Zähnen.

Abb. 258. Walzenfräser.

Abb. 259. Walzenfräser mit Spanbrechernuten.

Abb. 260. Stirnfräser.

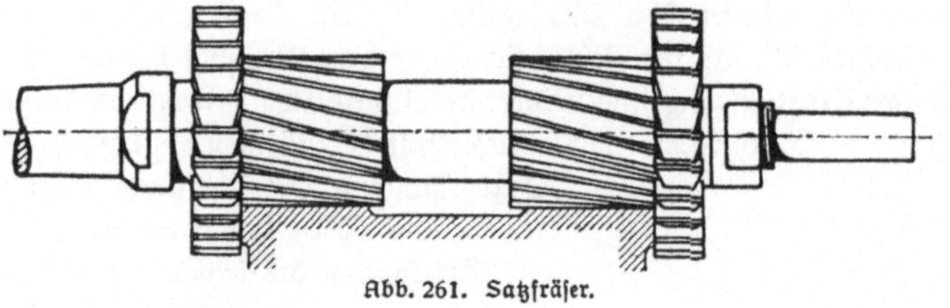

Abb. 261. Satzfräser.

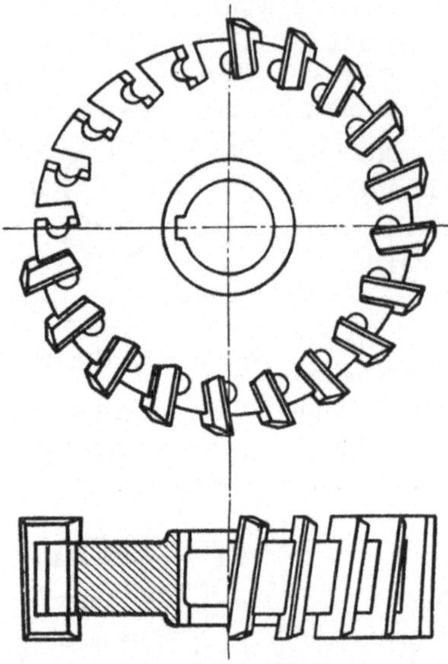

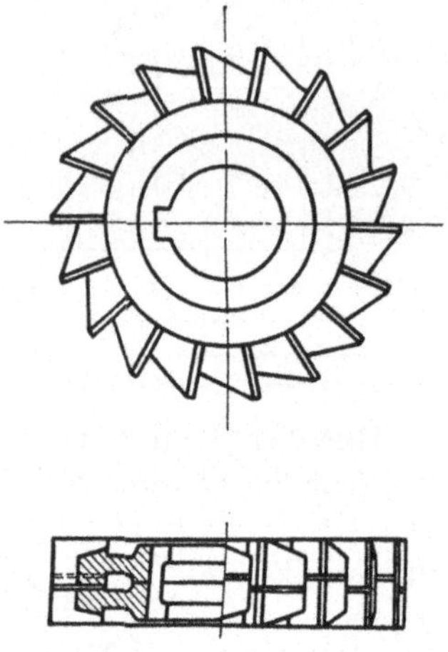

Abb. 262. Gekuppelter Fräser.

Abb. 263. Messerkopf.

zu können (Abb. 261). Solche Fräser heißen Satzfräser. Sollen die Fräser stets die gleiche Breite behalten, wie dies beim Fräsen von Nuten notwendig ist, so wenden wir verklinkte Fräser (Abb. 262) an. Die Trennungsfugen müssen bei solchen Fräsern gegeneinander versetzt sein, damit nicht etwa ein Grat auf dem Werkstück stehen bleibt. Durch Zwischenlagen von dünnem Blech oder dgl. können wir diese Fräser stets auf genauer Breite halten. Um teuren Werkstoff zu sparen, verwenden wir Fräser mit eingesetzten Messern, die sog. Messer=köpfe (Abb. 263). Der Körper besteht aus Gußeisen oder Maschinenstahl, die Messer aus Gußstahl oder Schnellschnittstahl. Die Messer, die sich leicht aus= wechseln lassen, werden durch Eintreiben von Stiften in den geschlitzten Fräserkörper festgezwängt. Schaft= fräser besitzen ähnlich wie der Spiralbohrer einen konischen oder zylindrischen Schaft. Andere Fräser haben Ähnlichkeit mit einer Kreissäge und werden auch wie diese benutzt. Als Beispiel für die große Menge

Abb. 264. Zahnformfräser.

der hinterdrehten Fräser diene der in Abb. 264 dar=
gestellte Zahnformfräser, der dazu dient, Zahnlücken
aus einem vollen Rad herauszuschneiden und auf diese
Weise Stirnräder herzustellen.

b) Aufspannen der Fräser und der Werkstücke zum Fräsen.

Mit Bohrungen versehene Fräser stecken wir auf
einen Fräsdorn (Abb. 265). Zu beiden Seiten brin=
gen wir seitlich genau geschliffene Beilegeringe R, die
den Fräser in der richtigen Lage halten. Die Ringe
ziehen wir mit einer Mutter fest. Der Fräser selbst
ist durch eine Feder (Flachkeil), der zum Teil in der
Nut des Fräsdornes, zum Teil in der Nut des Fräsers
sitzt, mit dem Fräsdorn verbunden und muß sich mit=
drehen, wenn sich der Fräsdorn dreht. Das starke
Ende des Fräsdornes stecken wir in den Hohlkegel der
Fräsmaschinenspindel, das schwache Ende in die Buchse
des Gegenhalters. Schaftfräser mit kegeligem Schaft
befestigen wir nach Abb. 266 oder stecken sie ohne weiteres
in den Hohlkegel der Frässpindel, solche mit zylindrischem
Schaft stecken wir in die Spannpatrone eines Bohr=
futters (Abb. 267, Mitte), drücken die Spannpatrone
in den im Bilde links sichtbaren Teil des Futters,
schrauben die Überwurfmutter auf und pressen so den
konischen Teil der Patrone in den Hohlkonus des Fut=
ters, wobei sich die geschlitzte Patrone zusammenzieht
und den Fräserschaft festhält.

Die zu fräsenden Werkstücke spannen wir, wenn sie
geeignete Form haben, in einen auf dem Fräsmaschinen=
tisch befestigten Parallelschraubstock, müssen uns da=
bei aber vor dem Verspannen hüten, z. B. durch Unter=
lagen. In der Massenfertigung ist es üblich, in den
Schraubstock besondere Backen einzusetzen, die der Form
des Werkstückes entsprechen. Haben wir in Wellen Nuten
zu fräsen, so bringen wir die Werkstücke in einer Spann=
vorrichtung nach Abb. 268 unter. Diese Spannvorrich=
tung hat eine V=förmige Nut, damit die Welle, ohne
sich zu drehen, sicher aufliegt. Festgehalten wird das
Werkstück durch eine Spannklaue, die wir durch Anziehen
der Mutter auf das Arbeitsstück niederdrücken. Die
Stellschraube rechts können wir je nach der Stärke der
zu fräsenden Welle verstellen. Damit sich beim Los=

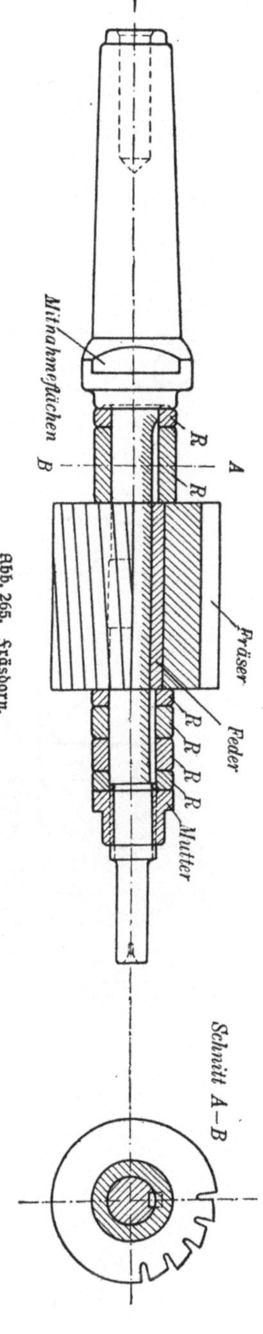

Abb. 265. Fräsdorn.

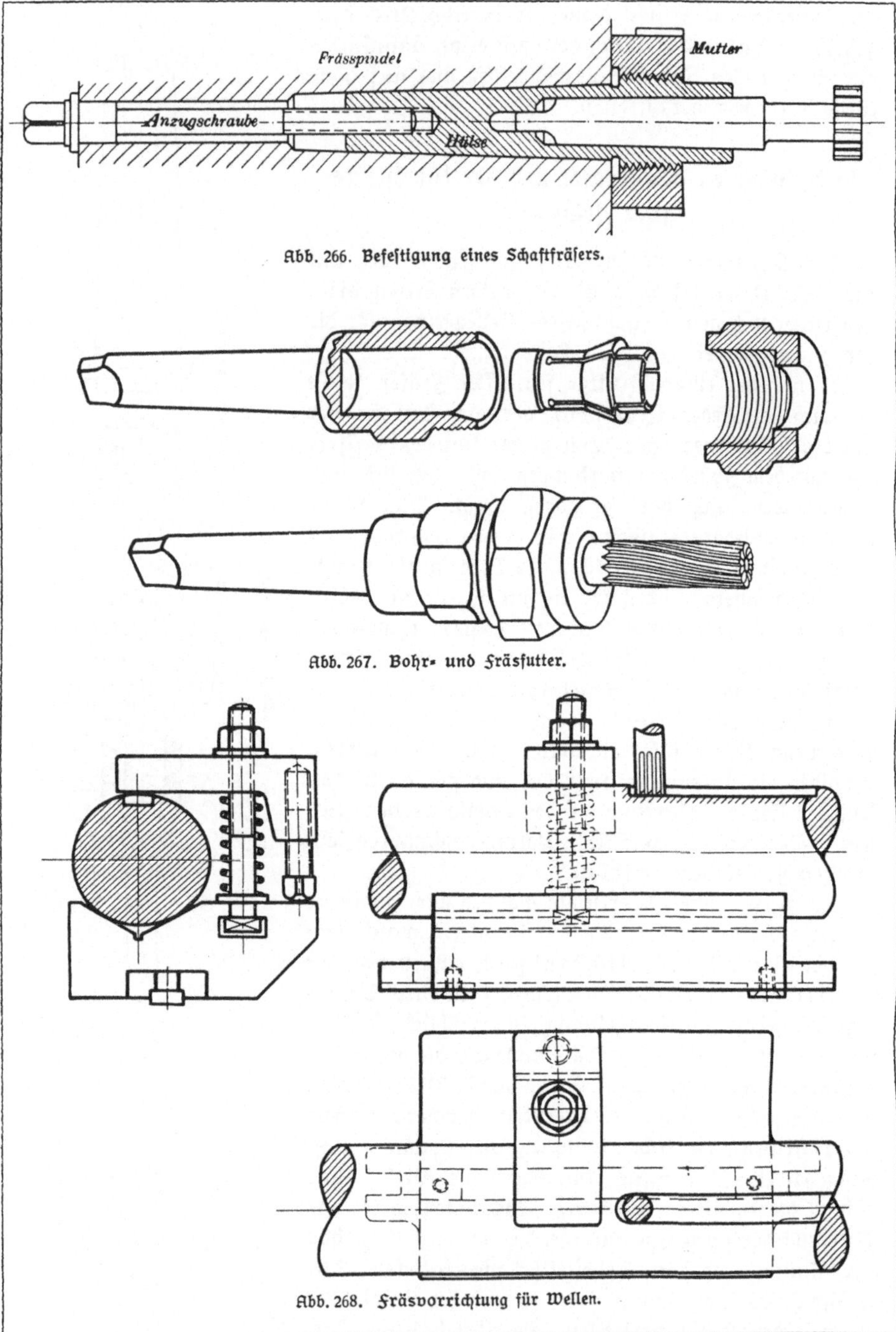

Abb. 266. Befestigung eines Schaftfräsers.

Abb. 267. Bohr- und Fräsfutter.

Abb. 268. Fräsvorrichtung für Wellen.

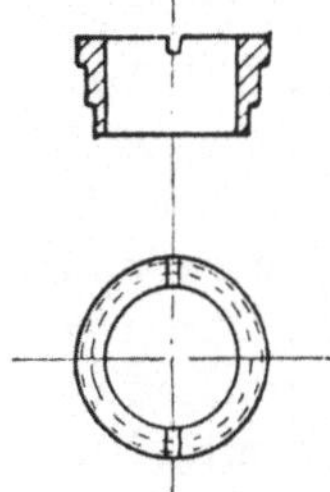

Abb. 270. Werkstück (Hülse).

spannen die Spannklaue bequem abheben läßt, ist eine Spiralfeder angebracht, die die Klaue nach oben drückt, sobald die Mutter nachgelassen wird. Eine andere Fräsvorrichtung zeigt uns Abb. 269. Sie dient zum Schlitzen der in Abb. 270 gezeichneten Hülse. Ein Dorn *A* nimmt das Werkstück auf, die Spannklaue *B* hält es fest, wenn wir den Kugelgriff festgezogen haben. Zum Losspannenn brauchen wir nur den Kugelgriff ein wenig zu lüften, dann wird durch die Spiralfeder die Spannklaue nach oben gedrückt. Wir fassen diese und ziehen sie seitwärts, wobei sie durch den Schraubenstift rechts geführt wird. Das Spannen und Losspannen dauert nur wenige Sekunden. Solche Fräsvorrichtungen bringen infolgedessen wesentliche Ersparnisse an „toter Zeit". Sie lohnen sich natürlich nur bei Massenfertigung.

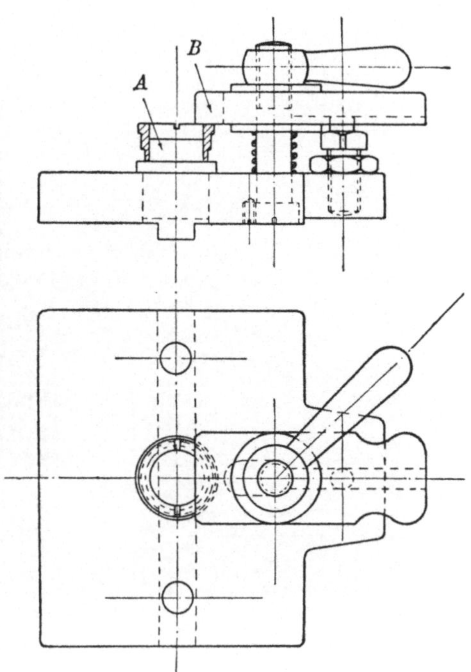

Abb. 269. Fräsvorrichtung für Hülsen.

c) Fräsarbeiten.

Für das Fräsen sind folgende Schnittgeschwindigkeiten in m/min zu empfehlen:

	Gußeisen	Stahlguß	Temperstahlguß
weich	15÷20	15 : 20	20 · 24
mittel	10—15	10 : 15	16 : 20
hart	6÷10	6 : 10	11 · 16

	Maschinenstahl	Werkzeugstahl	Bronze und Messing
weich	20—28	12÷16	30÷40
mittel	18÷20	8 : 12	20÷30
hart	8—12	5 : 8	12 : 20.

Die niedrigen Werte gelten für stärkste Schruppspäne (~ 6 mm tief), die hohen für Schlichtspäne (~ 0,5 mm tief.)

Ebene Flächen fräsen wir mit dem

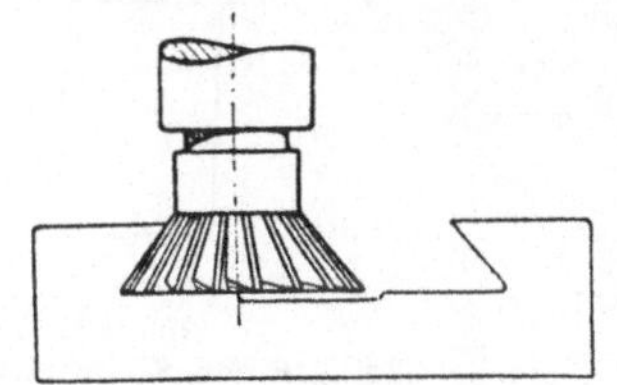

Abb. 272. Fräsen mit dem Winkelstirnfräser.

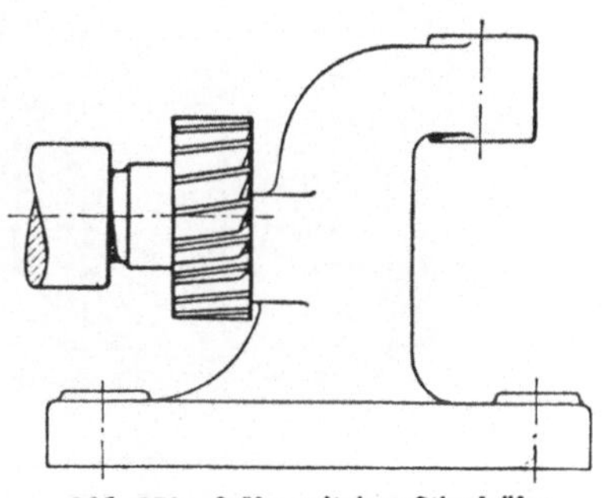

Abb. 271. Fräsen mit dem Stirnfräser.

Abb. 273. Fräsen mit Messerköpfen.

Walzenfräser (Abb. 258, 259), dem Stirnfräser (Abb. 271), dem Winkelstirnfräser (Abb. 272) oder mit Messerköpfen (Abb. 273). Zum Einfräsen von Nuten oder Durchfräsen von Schlitzen benutzen wir Fingerfräser (Abb. 274). T-förmige Nuten stellen wir nach Abb. 275 her. Das Schlitzen von Schraubenköpfen erfolgt nach Abb. 276. Eine der außerordentlich häufig stattfindenden Formfräsarbeiten zeigt uns Abb. 277, 278, das Fräsen von Reibahlennuten. Um Spiralnuten, wie sie z. B. an Spiralbohrern vorkommen, herzustellen, müssen wir folgende Bewegungen vornehmen (Abb. 279): 1. Das Werkstück,

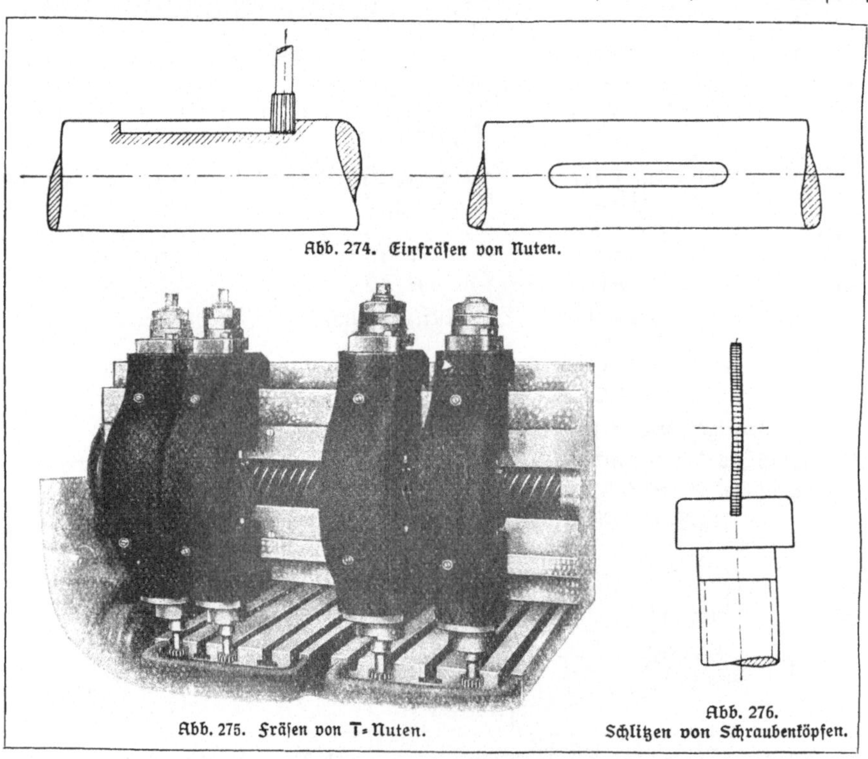

Abb. 274. Einfräsen von Nuten.

Abb. 275. Fräsen von T-Nuten.

Abb. 276.
Schlitzen von Schraubenköpfen.

das sich zwischen den Spitzen be=
findet, muß sich um seine Achse
drehen; 2. der auf dem Dorn
sitzende Fräser muß sich um
seine Achse gegen das Werkstück
drehen; 3. der um den Stei=
gungswinkel α der Spirale
schräggestellte Tisch muß sich
geradlinig vorwärts bewegen.
Ähnlich dem Spiralfräsen ist das
Gewindefräsen (Abb. 280).
Hierbei stellen wir den Fräser
um den Steigungswinkel α des

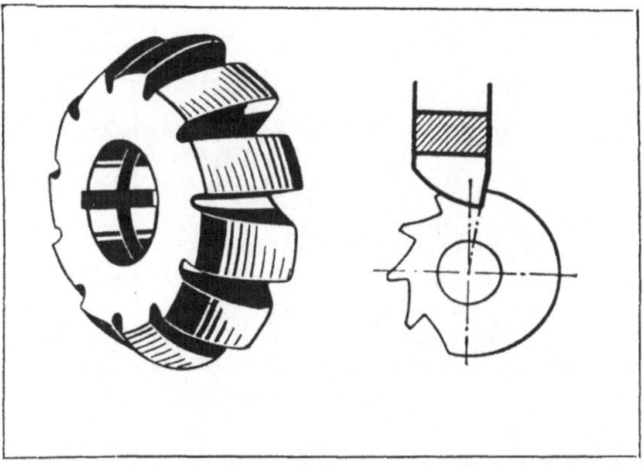

Gewindes schräg und lassen ihn gleichzeitig den Vorschub machen, während das
Werkstück sich dreht. Das Verfahren ist also ähnlich wie das Gewindeschneiden auf
der Drehbank, nur mit dem Unterschied, daß auch das Schneidwerkzeug sich dreht.
Natürlich muß der Gewindefräser die Form des gewünschten Gewindes haben. Zu=
weilen haben wir ein Werkstück nach einer vorgearbeiteten Schablone herzustellen,
es zu kopieren. Das machen wir in der Weise, daß wir einen Fräser zwingen,
den genau von der Schablone vorgeschriebenen Weg zu nehmen (Abb. 281). Unsere
Kopierfräsmaschine besitzt außer der Frässpindel noch eine zweite Spindel, die Füh=
rungsspindel. In dieser steckt ein gehärteter Stift oder eine Rolle. Die Rolle an

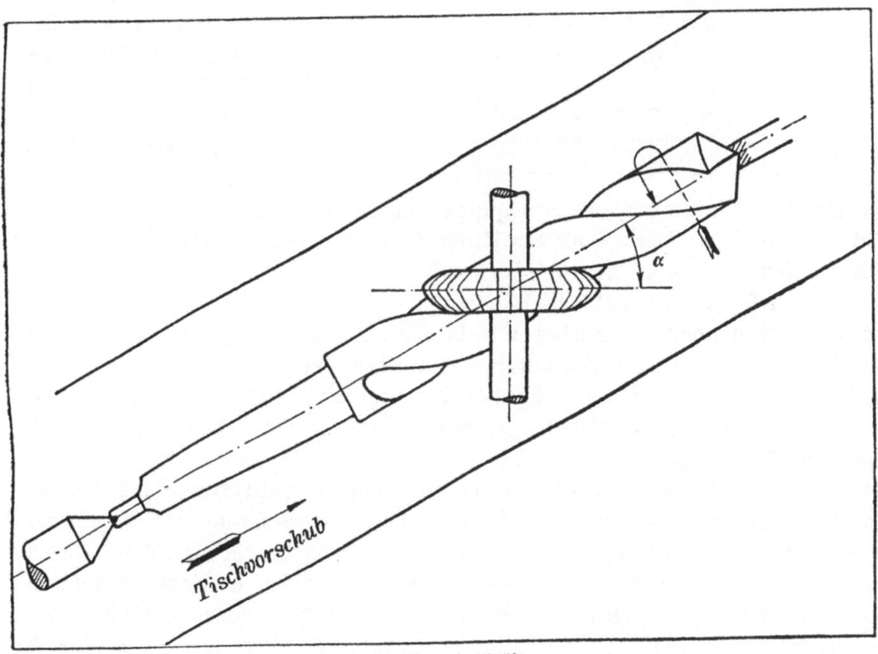

Abb. 279. Spiralfräsen.

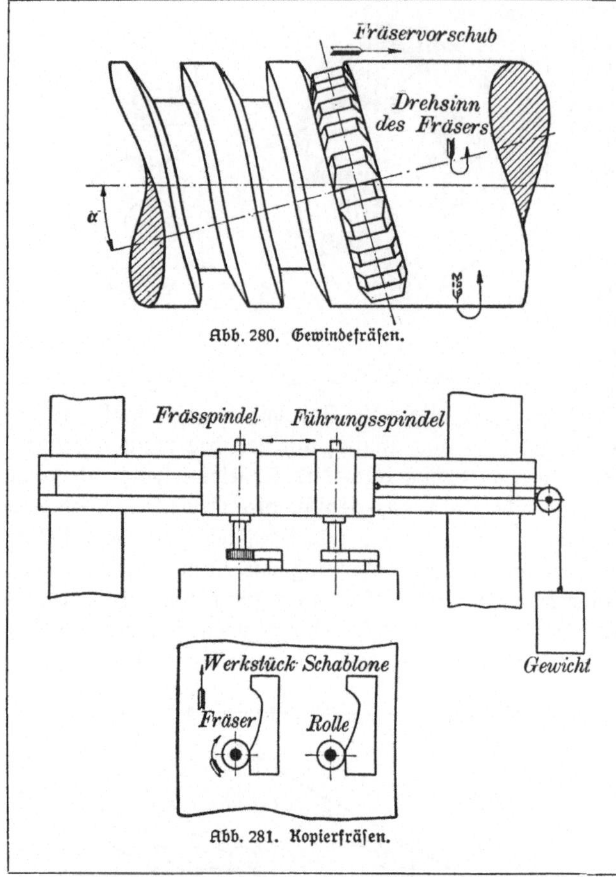

der Führungsspindel wird durch ein Gewicht gegen die Schablone gezogen oder durch Kurbeln von Hand gegen diese gedrückt, während sich der Tisch vorwärts schiebt.

Fräsen ist eins der vorteilhaftesten Arbeitsverfahren, weil der Fräser ein Werkzeug mit vielen Schneiden und daher einschneidigen Werkzeugen überlegen ist.

d) Fräsmaschinen.

Abb. 282 zeigt uns eine einfache **Wagerechtfräsmaschine** (Handfräsmaschine). Wir sehen die Arbeitsspindel mit einer dreistufigen Antriebsscheibe, durch Kurbeln an dem Aufspannschlitten können wir zwei Bewegungen ausführen wie beim Drehbanksupport. Auf diese Weise verschieben wir den Unterschlitten parallel zur Arbeitsspindel, den Oberschlitten quer dazu. Den Fräsdorn mit dem Fräser (Abb. 265) stecken wir in die hohle Arbeitsspindel und unterstützen ihn mit dem oberhalb der Arbeitsspindel sichtbaren Gegenhalter. Brauchen wir den Gegenhalter nicht, z. B. beim Fräsen mit Schaftfräsern, so schwenken wir ihn nach oben. Eine schwere Wagerechtfräsmaschine, deren Wirkungsweise ähnlich ist, zeigt Abb. 283. Alle Bewegungen, auch die des Frästisches, erfolgen hier selbsttätig. So wird z. B. der Tischantrieb über eine Kugelgelenkwelle vom Vorschubräderkasten her eingeleitet. Die Universalfräsmaschine oder Allgemeine Fräsmaschine unterscheidet sich von der vorgenannten Maschine nur dadurch, daß sich der Arbeitstisch mit Hilfe eines Drehschlittens, wie wir ihn ähnlich auch bei dem Support der Drehbank kennen gelernt haben, verstellen läßt. Zu dieser Maschine gehört der Teilkopf, der auf dem Fräsmaschinentisch befestigt ist. Außerdem sind zahlreiche Sonderfräsmaschinen im Gebrauch. Die in Abb. 284 abgebildete Senkrecht-Fräsmaschine arbeitet ähnlich

Abb. 282. Wagerechtfräsmaschine (Handfräsmaschine) von Ludw. Loewe.

Abb. 283. Wagerecht=Fräsmaschine von Fritz Werner.

wie eine Bohrmaschine, nur mit dem Unterschied, daß das Werkstück längs oder quer
gegen den sich drehenden Fräser vorgeschoben wird.

e) Der Teilkopf.

Der Teilkopf (Abb. 285) hat drei Aufgaben zu lösen: erstens soll er das Werk=
stück nach einem Fräsgang um das Maß der Teilung weiterschalten, z. B. beim Fräsen
eines Zahnrades mit 36 Zähnen jedesmal um den 36. Teil eines Kreises; zweitens
muß er das Werkstück unter einem Winkel einzustellen erlauben, z. B. beim
Fräsen von Kegelrädern; drittens soll er in Verbindung mit der Tischspindel das
Werkstück ununterbrochen drehen, während der Tisch sich verschiebt, z. B. beim Fräsen
von Spiralnuten (Abb. 279). Der Teilkopf besteht in der Hauptsache aus einem
Gehäuse, aus dem die Teilspindel herausragt. In der hohlen Teilspindel sitzt eine
Körnerspitze. Ein doppelter Mitnehmer läßt das Werkstück wie bei der Drehbank

Abb. 284. Senkrecht-Fräsmaschine von Fritz Werner.

an der drehenden Bewegung teilnehmen. Statt Spitze und Mitnehmer können wir wie bei der Drehbank ein Futter auf den Gewindezapfen der Teilspindel aufschrauben. Das Gehäuse können wir wie eine Haubitze aufrichten und nach einer Gradeinteilung feststellen. Vorn links sehen wir Teilscheibe, Teilkurbel mit einem Feststellstift (Index-stift) und ein Zeigerpaar. Die wichtigsten Teile sind in Abb. 286 noch einmal her-ausgezeichnet. Das Schneckenrad sitzt auf der hohlen Teilspindel. Es hat in der Regel 40 Zähne. Mit diesem Schneckenrad steht eine eingängige Schnecke in Eingriff. Auf derselben Welle wie die Schnecke sitzt die Teilscheibe und die Teilkurbel mit dem Indexstift. Wenn wir die Schnecke mit Hilfe der Teilkurbel einmal ganz herum-drehen, so dreht sich das Schneckenrad mit der Teilspindel um einen Zahn weiter. Wir müssen also 40 Umdrehungen der Teilkurbel machen, um Schneckenrad und Teilspindel einmal ganz herumzudrehen. Haben wir z. B. ein Zahnrad mit 10 Zähnen

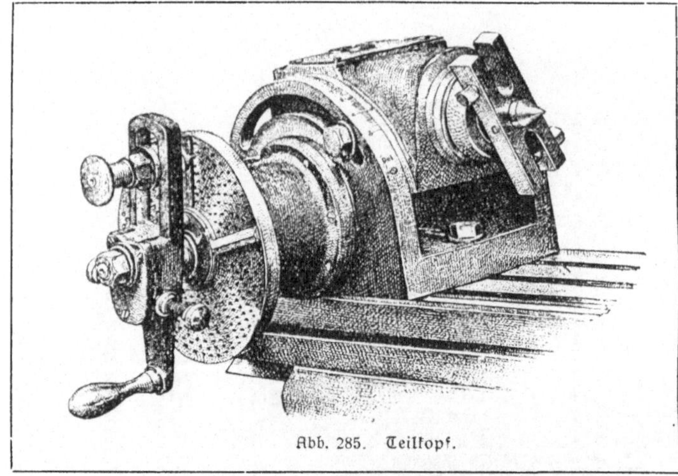

Abb. 285. Teilkopf.

zu fräsen, so ha=
ben wir das
Schneckenrad um
den 10. Teil eines
Kreises zu dre=
hen, das sind
$40 : 10 = 4$ Um=
drehungen der
Schnecke. Nach
diesen 4 Um=
drehungen stecken
wir den Index=
stift in einem
Loch der Teil=
scheibe fest. Die
Teilscheibe hat

eine ganze Menge solcher Löcher, fast wie ein Sieb. Die Löcher liegen alle auf kon=
zentrischen Kreisen. Der kleinste Kreis hat z. B. 15 Löcher, der nächste 16, die fol=
genden 17, 18, 19, 20, 21, 23, 27, 29, 31, 33, 37, 39, 41, 43, 47, 49. Beim
Fräsen des Zahnrades mit 10 Zähnen ist es gleichgültig, welchen Teilkreis wir be=
nutzen. Wir machen eben 4 volle Umdrehungen der Teilkurbel und stecken dann
den Stift wieder in das Loch, von dem wir ausgegangen sind, zurück. Haben wir
aber z. B. ein Rad mit 14 Zähnen zu fräsen, so müssen wir jedesmal $^{40}/_{14} = 2^6/_7$
Umdrehungen mit der Teilkurbel machen. Das ginge folgendermaßen: Wir machen
zwei volle Umdrehungen und teilen auf einem Kreis mit 7 Löchern 6 Löcher weiter.
Ein Kreis mit 7 Löchern ist aber nicht vorhanden. Daher suchen wir einen passen=
den, der ein Mehrfaches von 7 Löchern enthält. Das ist entweder der 21er oder
der 49er Kreis. Da $^6/_7 = {^{18}}/_{21}$ ist, so teilen wir nach zwei vollen Umdrehungen

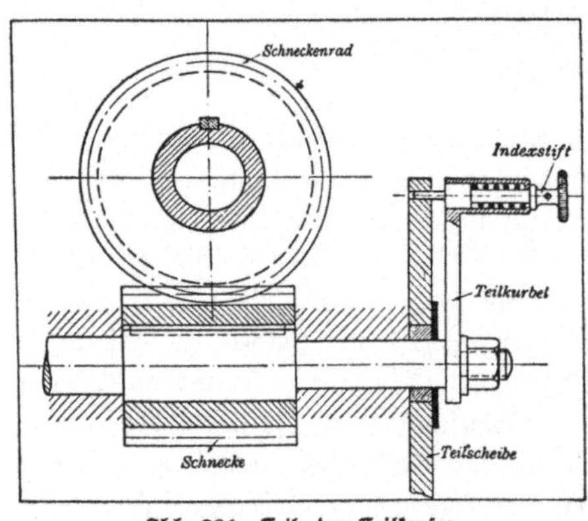

Abb. 286. Teile des Teilkopfes.

um 18 Löcher weiter, stecken also den
Indexstift in das 19. Loch.[1]) Benutzen
wir den 49er Kreis, so rechnen wir
$^6/_7 = {^{42}}/_{49}$ und teilen nach 2 vollen
Umdrehungen 42 Löcher weiter, worauf
der Indexstift in das 43. Loch kommt.
Bei derartigen Teilungen müssen wir
natürlich die Teilscheibe feststellen, da=
mit sie sich nicht mitdreht. Um Ver=
zählen zu vermeiden, benutzen wir
die in Abb. 285 auf der Teilscheibe
sichtbaren beiden Zeiger, die wir so
weit auseinanderspreizen, daß sie den
gewünschten Löcherabstand begrenzen.

---

1) 18 Teile werden von 19 Löchern begrenzt.

10. Bohren, Senken, Reiben.

a) Wirkungsweise der Bohrer, Senker, Reibahlen.

Beim Bohren, Senken und Reiben finden zwei Bewegungen statt, eine drehende (die Hauptbewegung) und eine in Richtung gegen das Werkstück vordringende (die Vorschubbewegung). Nehmen wir einen langen, dünnen Holzstab, stellen ihn auf den Tisch und drehen ihn mit der Hand, so sehen wir, in welcher Weise er beansprucht wird. Tritt bei der Drehbewegung ein Widerstand auf, z. B. wenn wir ihn an dem einen Ende festhalten, während wir an dem anderen weiter drehen, so werden die Fasern des Stabes verdreht und schließlich abgerissen („abgewürgt"). Drücken wir den Stab sehr stark gegen die Unterlage, so zerknickt er. In derselben Weise werden auch die Bohrer, Senker und Reibahlen beansprucht. Stößt die drehende Bewegung auf Widerstand, so wird das Werkzeug auf Verdrehung (Torsion) beansprucht; stößt die Vorschubbewegung auf Widerstand, so wird es auf Knickung beansprucht.

Den Spitzbohrer (Abb. 287) benutzen wir nur noch selten für Metallarbeiten. Er führt sich schlecht, verläuft daher im Bohrloch und muß, wenn er abgenutzt ist, jedesmal von neuem ausgeschmiedet, gefeilt, gehärtet und geschliffen werden. Die Spanabfuhr ist ungenügend, und die Späne, die im Bohrloch bleiben, zwängen und drücken und machen die Bohrung ungenau.

Der Spiralbohrer (Abb. 288) vermeidet diese Nachteile. Damit er aber genau arbeitet, müssen wir ihn vorschriftsmäßig behandeln. Freihändiges Schleifen führt z. B. zu folgenden Fehlern:

1. Die Schnittkanten werden ungleich lang (Abb. 289). Die einseitig liegende Spitze drängt beim Bohren nach der Mitte hin. Das Loch wird zu groß, der Bohrer wird wegen der ungleichen Beanspruchung der beiden Schneidkanten bald stumpf.

2. Die Schnittkanten werden ungleich lang und unter verschiedenen Winkeln geschliffen (Abb. 290). Auch in diesem Falle wird das Loch zu groß und der Bohrer rasch stumpf.

3. Die Schnittkanten werden unter ungleichen Winkeln geschliffen (Abb. 291). In diesem Falle schneidet nur eine Kante.

Durch die Reibung des Bohrers im Bohrloch wird Wärme erzeugt. Wir kühlen daher mit Seifenwasser oder mit in Wasser löslichem Bohröl. Manche Bohrer enthalten Ölrohre, die bis zur Spitze reichen. Durch diese Rohre wird Öl unter hohem Druck gepreßt. Gußeisen bohren wir meist trocken oder mit Preßluft, wodurch die Späne besser entfernt werden.

Ein Sonderbohrer ist der Bohrring (Abb. 292), den wir auf eine Stange aufschrauben. Er läßt einen Kern stehen, mit dem man unter Umständen eine Materialprüfung vornehmen kann. Auch hat die Maschine weniger Arbeit zu leisten, wenn nicht der gesamte Inhalt des Bohrloches zerspant zu werden braucht.

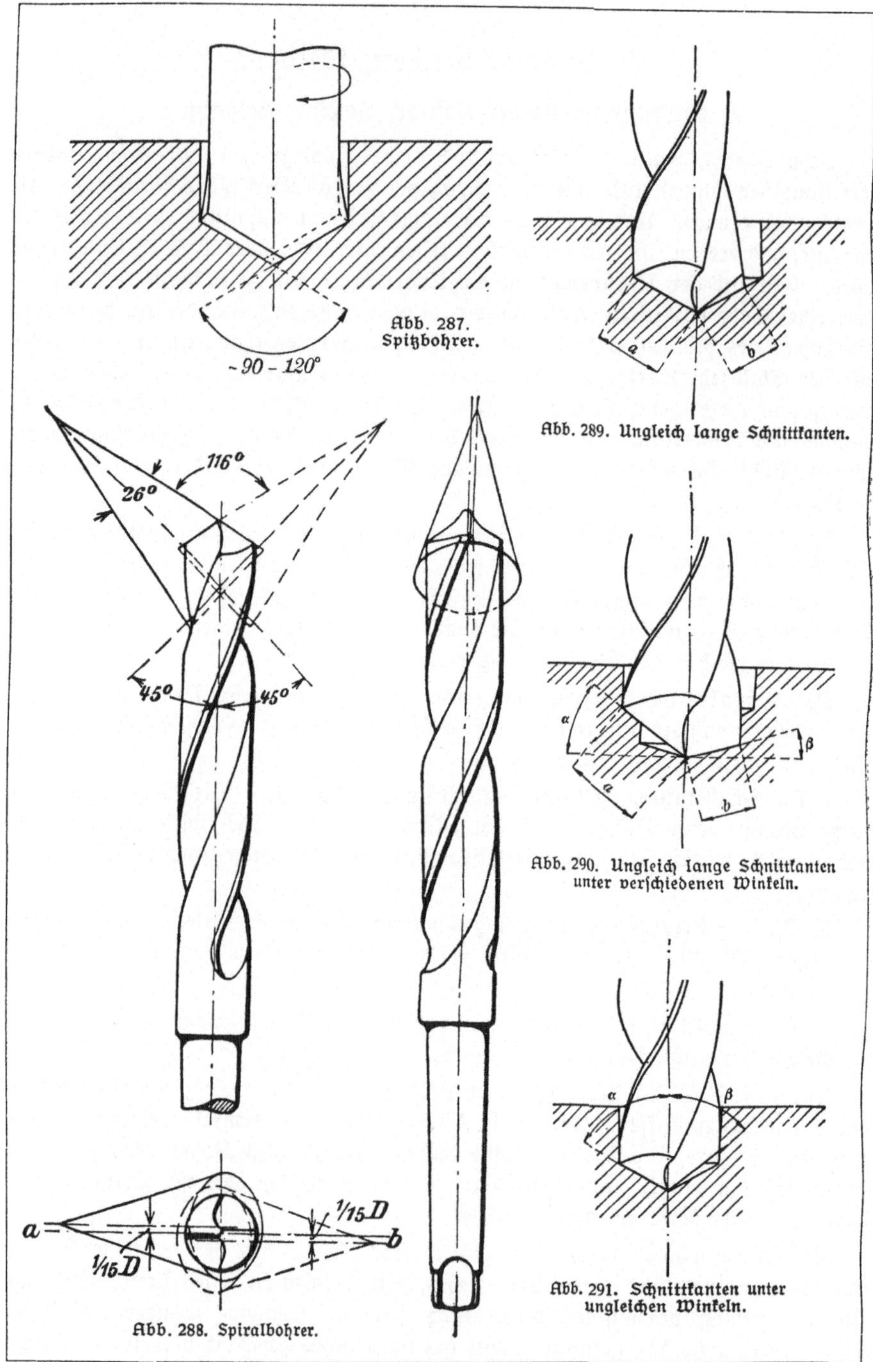

Abb. 287. Spitzbohrer.

Abb. 288. Spiralbohrer.

Abb. 289. Ungleich lange Schnittkanten.

Abb. 290. Ungleich lange Schnittkanten unter verschiedenen Winkeln.

Abb. 291. Schnittkanten unter ungleichen Winkeln.

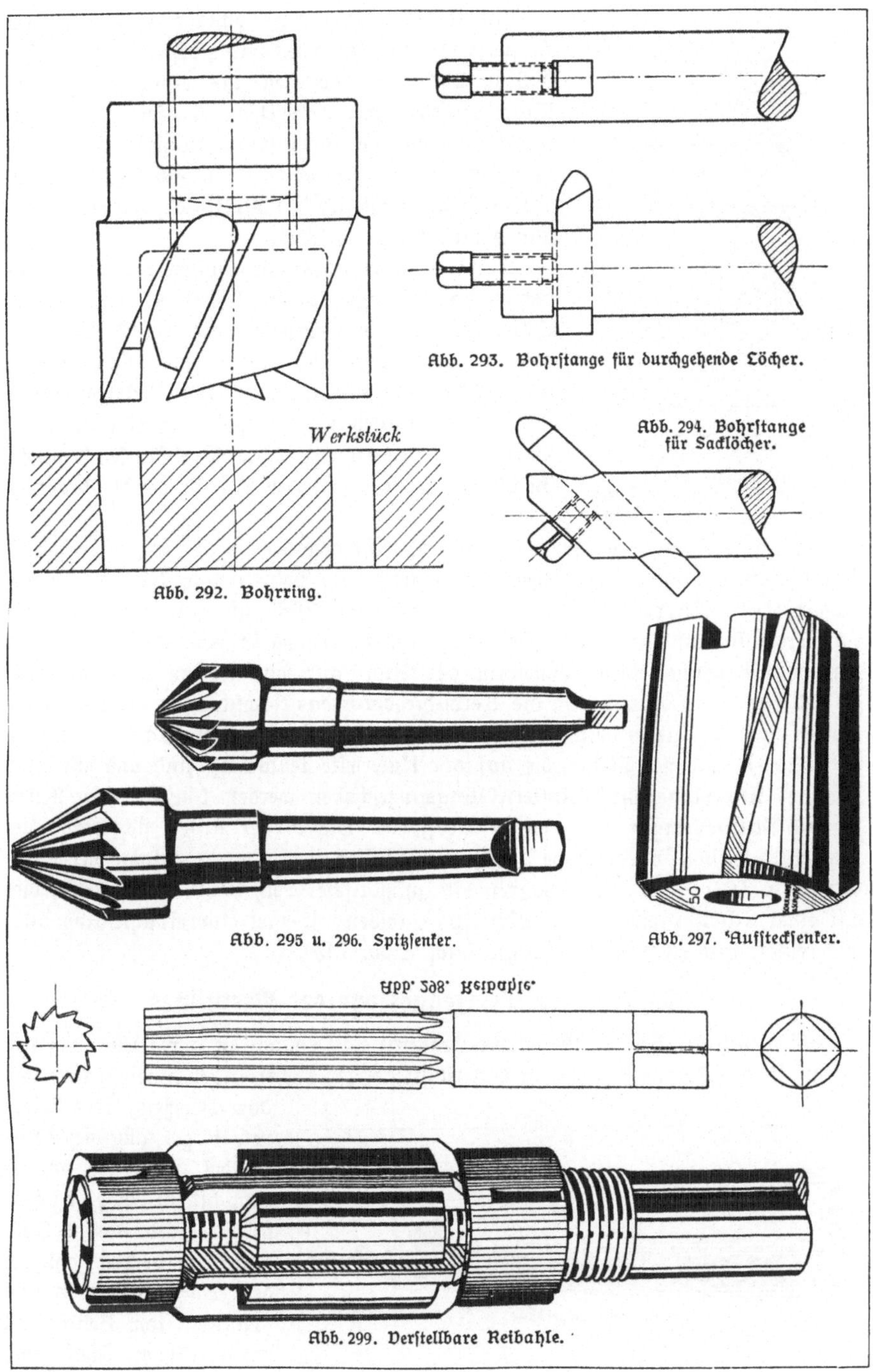

Abb. 293. Bohrstange für durchgehende Löcher.

Abb. 294. Bohrstange für Sacklöcher.

Abb. 292. Bohrring.

Abb. 295 u. 296. Spitzsenker.

Abb. 297. Aufstecksenker.

Abb. 298. Reibahle.

Abb. 299. Verstellbare Reibahle.

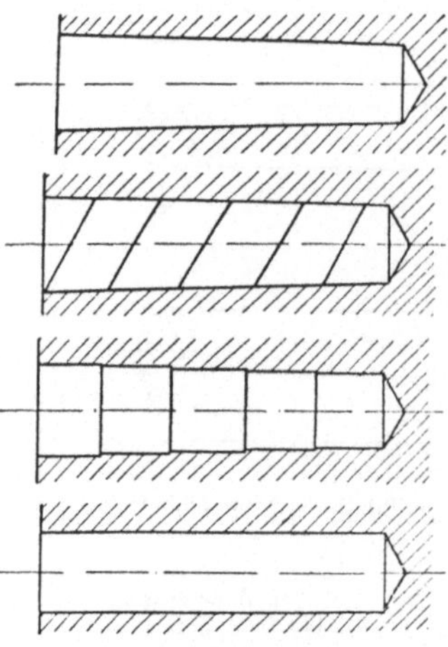

Abb. 300—303.
Herstellung eines konischen Loches.

Haben wir vorgegoſſene Löcher auszubohren oder auszudrehen, ſo verwenden wir **Bohrſtangen** (Abb. 293 u. 294). Sie beſtehen aus einer Stange aus Maſchinenſtahl mit eingeſetzten Meſſern aus Werkzeugſtahl oder Schnellſchnittſtahl. Bohrſtangen wirken entweder wie ein Bohrer oder wie ein Drehſtahl. In dieſem Falle dreht ſich das Werkſtück, und die Bohrſtange macht den Vorſchub.

Senker dienen dazu, vorgebohrte Löcher zur Aufnahme von Schraubenköpfen, Nieten u. dgl. oder zum Entfernen von Grat kegelig oder zylindriſch zu erweitern. Abb. 295, 296 zeigen zwei **Spitzſenker**, Abb. 297 einen **Aufſteckſenker**. Wir ſtecken die Senker entweder unmittelbar in die Bohrſpindel oder in ein Futter, können ſie aber auch auf Drehbänken benutzen. In dieſem Falle verwenden wir ſie wie die Gewindebohrer oder Schneideiſen.

Gebohrte Löcher ſind für viele Zwecke nicht genau genug. Um kaliberhaltige Bohrungen herzuſtellen, verwenden wir nach dem Bohren noch **Reibahlen** und danach **Regulierreibahlen**. Die Reibahle (Abb. 298), die wir von Hand oder mit der Bohrmaſchine oder der Drehbank unter Drehung in das Werkſtück ſchieben, nimmt mit ihren feinen Zähnen in der Regel nur feine Späne und glättet auf dieſe Weiſe die Bohrung. Da die Reibahle durch das Nachſchleifen einen kleineren Durchmeſſer erhält, nehmen wir zum Nachreiben eine **verſtellbare Reibahle** (Abb. 299). Sie hat Meſſer, die auf der Unterſeite keilförmig ſind und auf ihrer ſchrägen Unterlage durch Muttern längs verſchoben werden können. Wir ſtellen ſie mit Kaliberringen auf genaues Maß ein. Die Meſſer laſſen ſich leicht auswechſeln. Haben wir koniſche Löcher herzuſtellen, ſo gehen wir folgendermaßen vor (Abb. 300—303). Wir bohren ein zylindriſches Loch (Abb. 300), reiben dies mit einer Schruppreibahle vor (Abb. 301), reiben mit einer Vorreibahle (Abb. 302) und reiben mit einer Fertigreibahle nach (Abb. 303).

b) Spannen des Werkzeuges und des Werkſtückes.

Spiralbohrer, Senker, Reibahlen ſpannen wir einfach in der Weiſe, daß wir ſie mit ihrem kegeligen Schaft in den Hohlkegel der Bohrſpindel hineinſtecken. Hat das Werkzeug einen kleineren Kegel als die Bohrſpindel, ſo ſtecken wir es zunächſt in eine Kegelhülſe (Abb. 304 u. 305) und dieſe in den Hohlkegel der Bohrſpindel. Häufig benutzen wir Bohrer mit zylindriſchem Schaft und

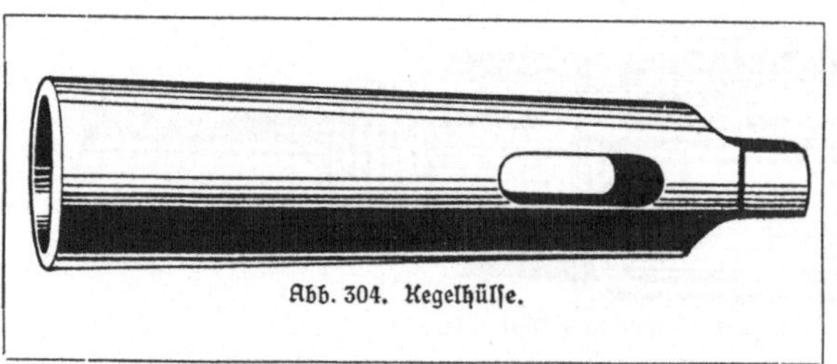

Abb. 304. Kegelhülſe.

spannen sie in Bohrfutter.
Wir müssen sie so tief einspan=
nen, daß sie anstoßen, sonst
werden sie beim Bohren zu=
rückgedrückt. Ferner haben
wir darauf zu achten, daß der

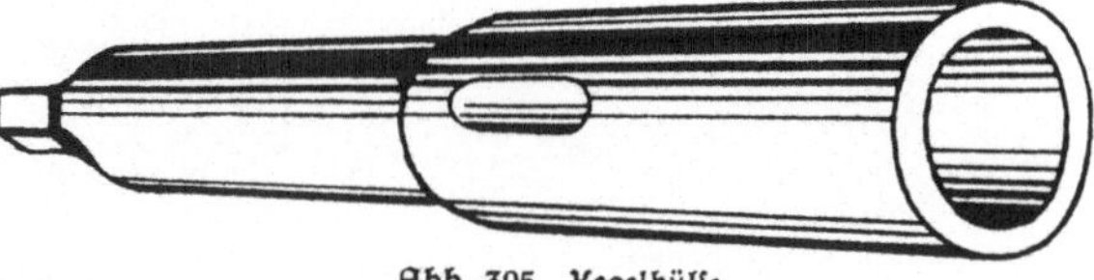

Abb. 305. Kegelhülse.

Bohrer rundläuft. Als Bohrfutter dienen uns die aus Abb. 204, 205, 267
bekannten Futter oder Schnellwechselfutter, die ein Auswechseln der Bohrer während
des Ganges der Maschine ermöglichen.

Das Werkstück halten wir beim Bohren
entweder mit der Hand fest, wenn es geeig=
nete Form besitzt, oder spannen es in einen
Feilkloben. Zylindrische Teile legen wir
auf prismatische Unterlagen (Abb. 82,
83). Auch der auf dem Maschinentisch befestigte
Parallelschraubstock eignet sich häufig
zum Einspannen. Haben wir Löcher unter
einem bestimmten Winkel zu bohren, so ver=
wenden wir einen nach einer Gradeinteilung
verstellbaren Aufspannwinkel (Abb. 306),
auf dem wir das Werkstück befestigen.

In der Massenanfertigung kommen die
aus dem Abschnitt „Anreißen" bekannten

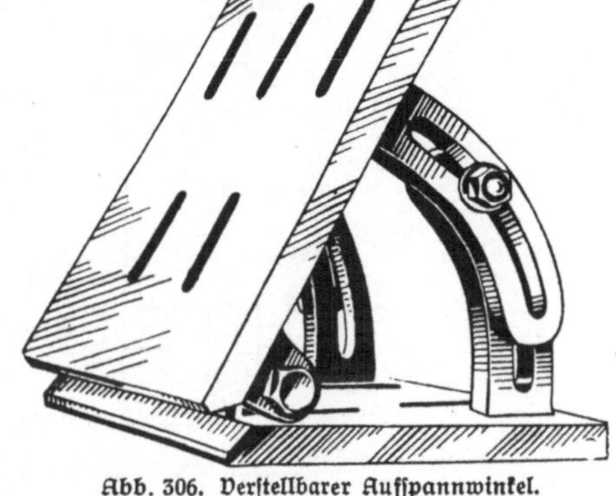

Abb. 306. Verstellbarer Aufspannwinkel.

Bohrvorrichtungen oder Bohrlehren zur Anwendung. Bei ihrer Benutzung
haben wir darauf zu achten, daß sie genau eben auf dem Bohrtisch stehen, weil
sonst die Bohrbüchsen schief stehen und das Loch schief wird. Aus demselben
Grunde müssen wir vor dem Einspannen die Späne sorgfältig aus der Vorrich=
tung entfernen.

c) Bohr=, Senk= und Reibarbeiten.

Kleinere Löcher bohren wir aus dem Vollen. Größere Löcher sind meistens
vorgegossen, wir haben sie dann nur auszubohren. Sollen Löcher noch gerieben
werden, so bohren wir sie mit dem Minusbohrer, der ein wenig Untermaß hat.
Auch für Gewindelöcher müssen wir entsprechende Bohrer verwenden, deren Größe
wir aus Zusammenstellungen entnehmen. Ein Bohrer für 10 mm metrisches Ge=
winde hat z. B. 8,2 mm Φ, ein solcher für $1/2''$ Whitworthgewinde 10,25 mm Φ.

Teile von Löchern, z. B. am Rande eines Werkstückes, können wir nicht ohne
weiteres bohren, weil der Bohrer sonst verläuft. In diesem Falle macht man das
Werkstück an der betreffenden Stelle um so viel größer, daß man ein volles Loch
bohren kann. Nach dem Bohren wird dann das überflüssige Stück durch Fräsen usw.
entfernt.

Auch Gewindeschneiden ist auf der Bohrmaschine möglich. Vielfach ist
dann die Maschine so eingerichtet, daß die Bohrspindel rechts und links herum
laufen kann.

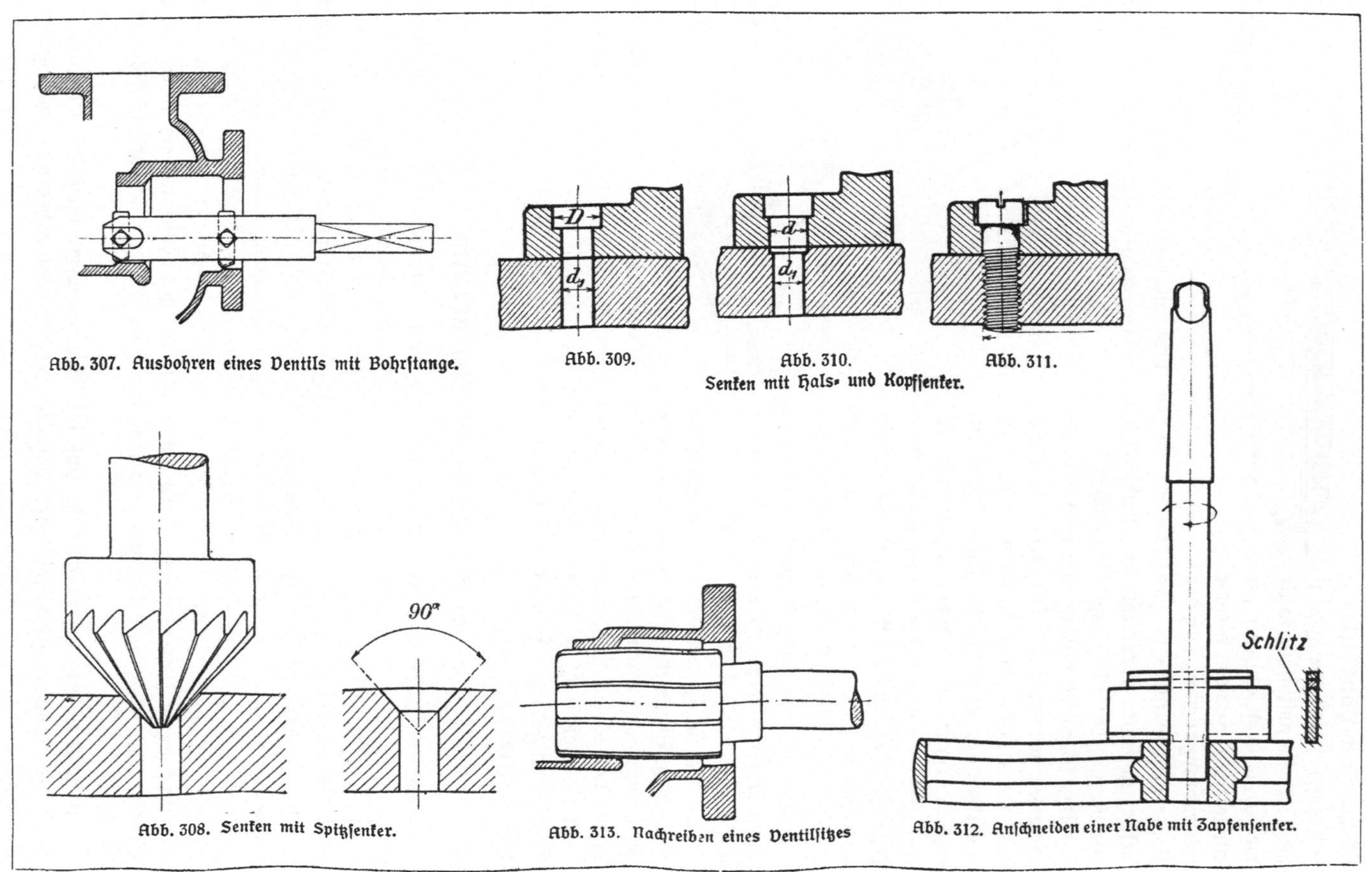

Abb. 307. Ausbohren eines Ventils mit Bohrstange.
Abb. 309.
Abb. 310.
Abb. 311.
Senken mit Hals- und Kopfsenker.
90°
Abb. 308. Senken mit Spitzsenker.
Abb. 313. Nachreiben eines Ventilsitzes
Schlitz
Abb. 312. Anschneiden einer Nabe mit Zapfensenker.

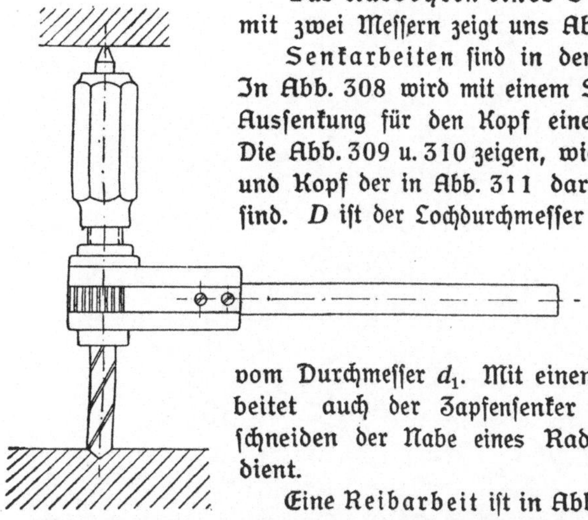

Das Ausbohren eines Ventils durch eine Bohrſtange mit zwei Meſſern zeigt uns Abb. 307.

Senkarbeiten ſind in den Abb. 308—311 dargeſtellt. In Abb. 308 wird mit einem Spitzſenker oder Krauskopf die Ausſenkung für den Kopf einer Verſenkſchraube hergeſtellt. Die Abb. 309 u. 310 zeigen, wie die Verſenkarbeiten für Hals und Kopf der in Abb. 311 dargeſtellten Schraube hergeſtellt ſind. D iſt der Lochdurchmeſſer für den Kopf, d der für den Hals der Schraube, d_1 der für das Gewinde. Die für dieſe Arbeiten benutzten Senker beſitzen Führungszapfen vom Durchmeſſer d_1. Mit einem ſolchen Führungszapfen arbeitet auch der Zapfenſenker (Abb. 312), der zum Anſchneiden der Nabe eines Rades oder einer Riemenſcheibe dient.

Eine Reibarbeit iſt in Abb. 313 dargeſtellt: Das Nachreiben eines mit der Bohrſtange ausgebohrten Ventilſitzes.

Abb. 314. Bohrknarre.

Bohren wir mit Hilfe von Bohrvorrichtungen (vgl. S. 26/27), die in der Maſſenfertigung ſehr häufig Verwendung finden, ſo haben wir zu beachten, daß ſich keine Späne unter der Bohrvorrichtung oder zwiſchen der Innenwand der Vorrichtung und dem Werkſtück befinden, da ſonſt die gebohrten Löcher ſchief werden.

d) Bohrmaſchinen.

Eine der einfachſten Bohrmaſchinen iſt die Bohrknarre (Abb. 314). Wir benutzen ſie für Montagearbeiten, wenn wir keine elektriſch oder durch Preßluft angetriebenen Bohrmaſchinen zur Verfügung haben. Als Widerlager gebrauchen wir dabei einen Bügel, einen Winkel oder einen geeigneten Teil des Arbeitsſtückes. Der Bohrer ſteckt in einer Hülſe, die außen mit Flachgewinde verſehen iſt und ſich aus einer Sechskantmutter herausſchraubt, wodurch der Bohrervorſchub erzeugt wird. Wir geben dem Bohrer die drehende Hauptbewegung durch Drehen des Hebels. An dieſem ſitzt eine Blattfeder, die in das Schaltrad auf der Hülſe eingreift. Beim Zurückziehen des Hebels gleitet die Blattfeder über die Zähne des Schaltrades. Dadurch entſteht das knarrende Geräuſch.

Die Schnellbohrmaſchine (Abb. 315) wirkt in folgender Weiſe. Der Antrieb erfolgt durch einen Riemen vom Deckenvorgelege her. Ein zweiter Riemen, über Rollen geleitet, überträgt die drehende Bewegung im Winkel auf die ſenkrechte Bohrſpindel. Legen wir den Riemen auf eine kleinere oder größere Scheibe der auf der Bohrſpindel ſitzenden Stufenſcheibe, dann müſſen wir die Leitrollen entſprechend verſtellen. Den Vorſchub betätigen wir durch Niederdrücken eines Gefühlshebels. Dieſer greift mit einem Trieb in eine Zahnſtange an der Bohrſpindelhülſe ein. Laſſen wir den Hebel los, ſo geht die Bohrſpindel, durch ein Gewicht im Maſchinenſtänder gezogen, wieder hoch.

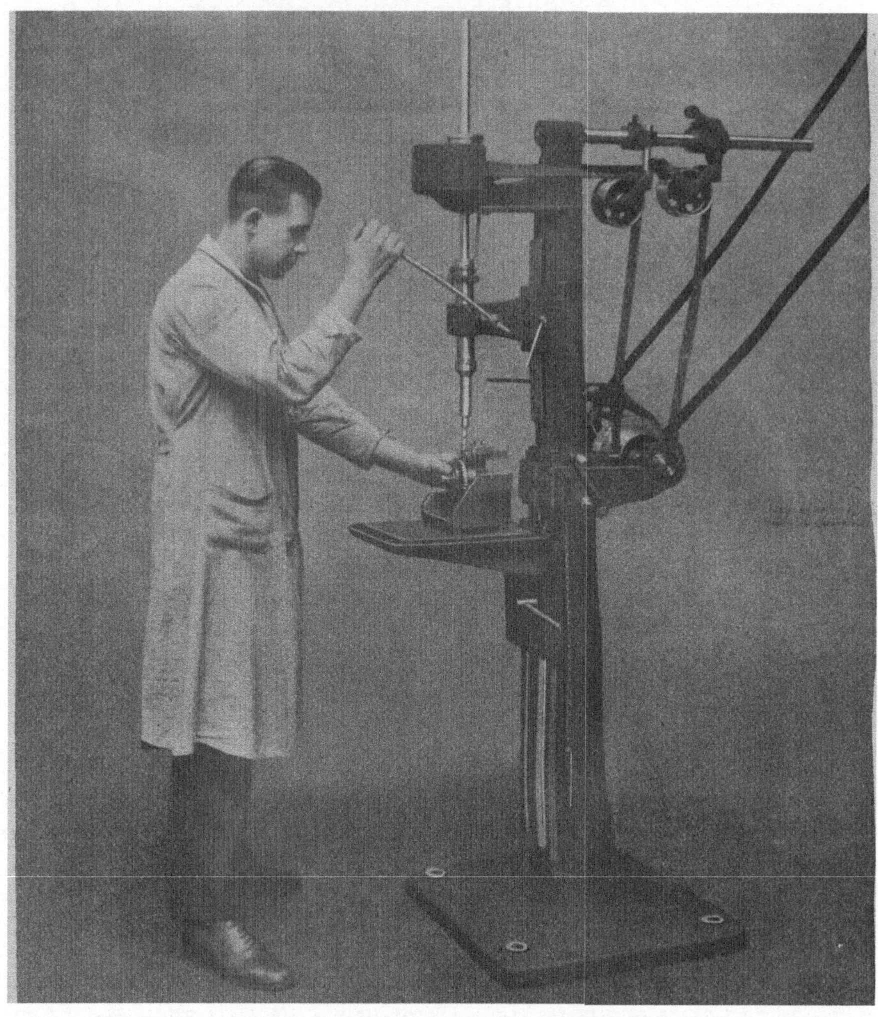

Abb. 315. Schnellbohrmaschine von Ludw. Loewe.

Eine Senkrecht=Bohrmaschine ist in Abb. 316 als Bild, eine andere ähn=
lich in Abb. 317 als Gerippskizze dargestellt. Der Antrieb erfolgt von der Trans=
mission aus. Soll die Maschine laufen, so verschieben wir den Riemen von
der Losscheibe auf die Festscheibe. Damit dreht sich die vierstufige Stufen=
scheibe auf Welle I am Fuße der Maschine. Von hier aus läuft ein zweiter
Riemen nach Welle II. Von hier aus wird die drehende Bewegung über
die Kegelräder 1, 2 auf die Bohrspindel B übertragen. Um diese abwärts zu
bewegen, drehen wir mit dem Handhebel das Trieb T. Dieses greift in eine auf
der Bohrspindelhülse befestigte Zahnstange ein. Soll die Vorschubbewegung selbst=

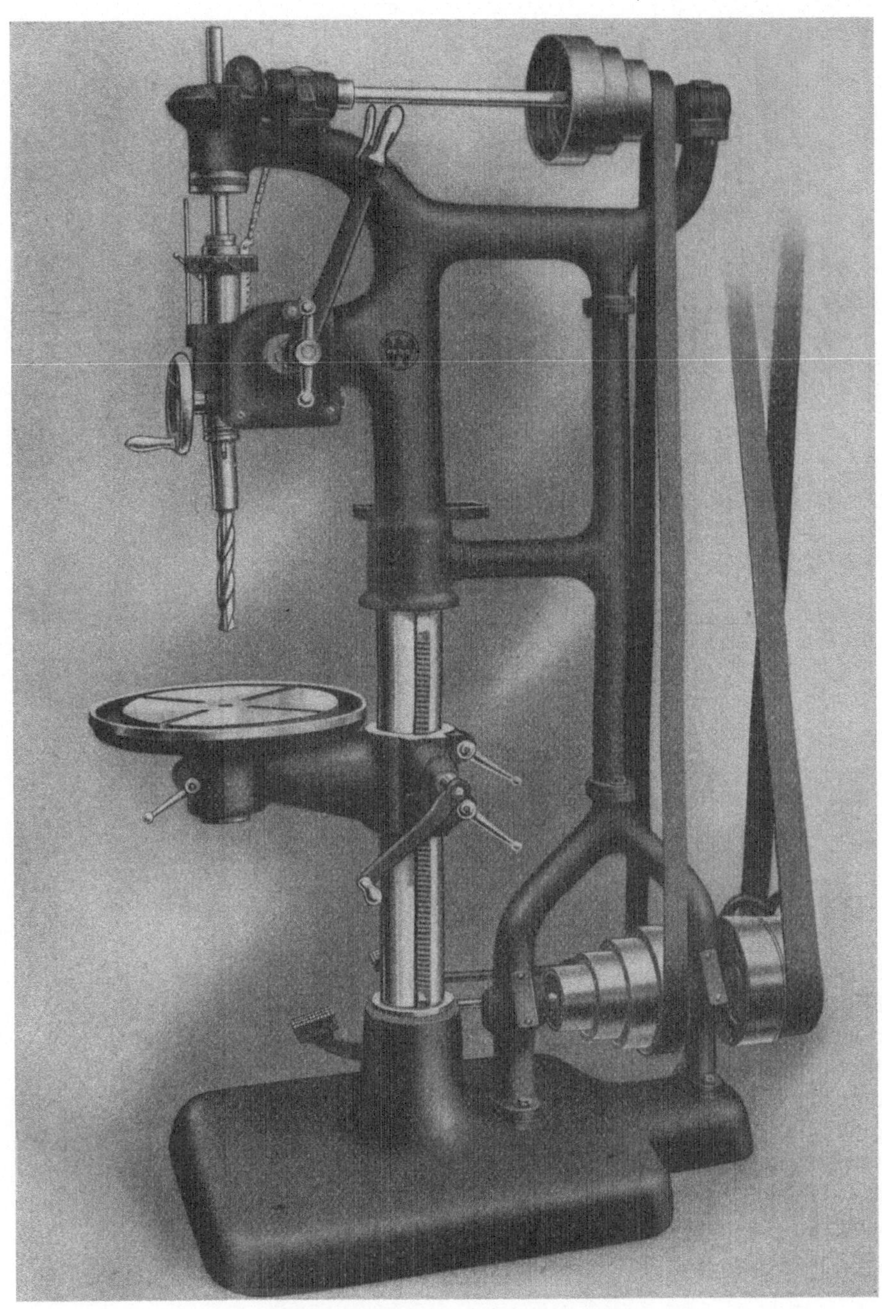

Abb. 316. Senkrecht-Bohrmaſchine der Webo.

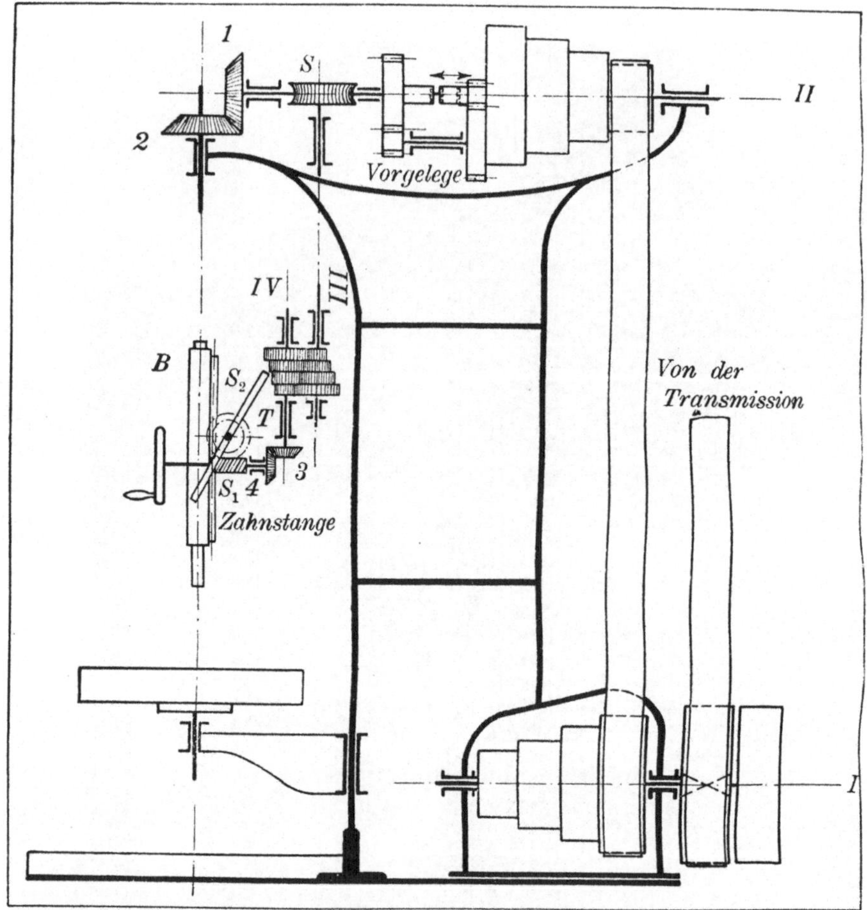

Abb. 317. Senkrecht=Bohrmaschine.

tätig erfolgen, so kuppeln wir die Welle II mit einer hinter dem Schneckenrad S befindlichen, in der Zeichnung nicht sichtbaren Schnecke. Diese steht in Eingriff mit dem Schneckenrad S auf Welle III. Durch zwei zusammengehörige Räder der vier Räderpaare wird die Drehbewegung auf die gleichfalls senkrechte Welle IV übertragen, von hier aus über die Kegelräder 3, 4, die Schnecke S_1 und das Schneckenrad S_2 auf das Trieb T, das die Zahnstange mit der Bohrspindelhülse niederbewegt. Das Vorgelege auf Welle II verlangsamt nicht nur die Vorschubbewegung, sondern kehrt sie auch um, je nachdem, ob die unter dem Doppelpfeil skizzierte Kupplung nach links oder nach rechts zum Eingriff gebracht ist.

In großen Betrieben sind zahlreiche Sonderbohrmaschinen im Gebrauch.

11. Hobeln und Stoßen.

a) Hobel= und Stoßstähle und ihre Wirkungsweise.

Die Wirkungsweise der Hobelstähle ist ähnlich wie die der Drehstähle. Wir be= nutzen sogar häufig Drehstähle auch zum Hobeln.

Wir gebrauchen gerade Hobelstähle (Abb. 318), die einfach und billig herzustellen sind, vorwärts und rückwärts gekröpfte Stähle. Der vorwärts gekröpfte Stahl (Abb. 319) hat den Nachteil, daß er beim Auftreffen auf hartes Material in dieses hineinfedert, „einhakt". Wir brauchen ihn aber, um bis an einen Ansatz heranhobeln zu können, da sonst die vorstehende Schraube des Stahlhalters gegen den Ansatz stoßen würde. Rückwärts gekröpfte Stähle (Abb. 320) federn vom Werkstück

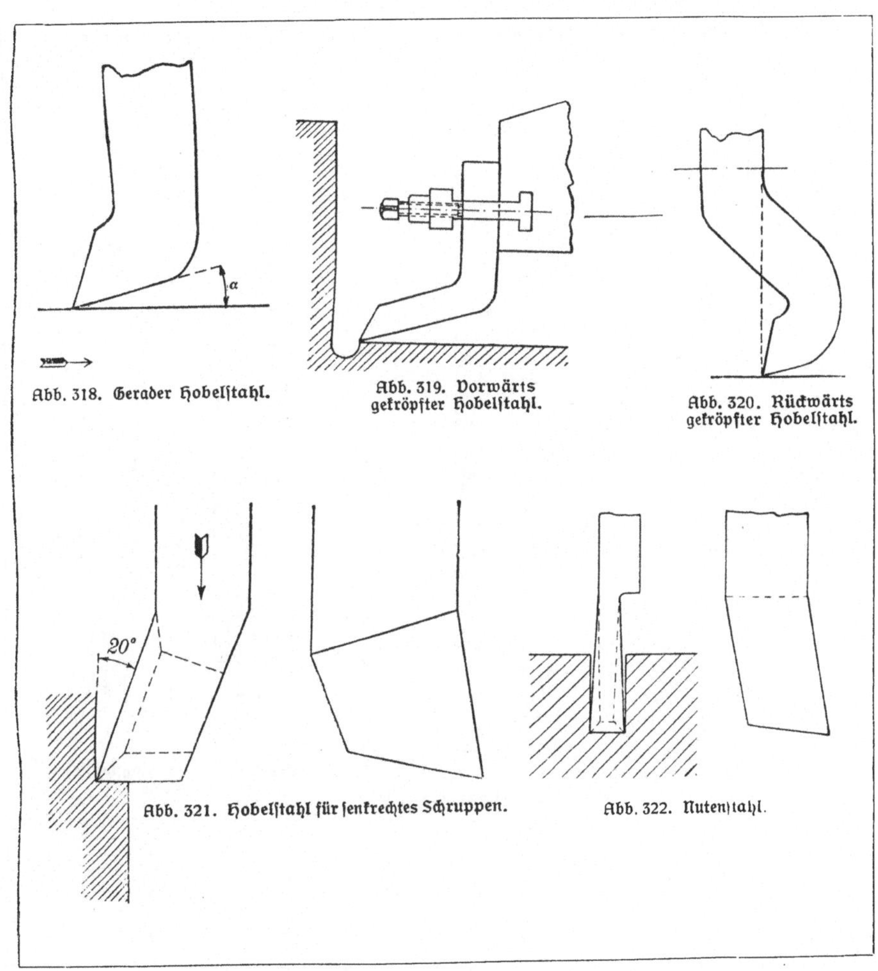

Abb. 318. Gerader Hobelstahl.

Abb. 319. Vorwärts gekröpfter Hobelstahl.

Abb. 320. Rückwärts gekröpfter Hobelstahl.

Abb. 321. Hobelstahl für senkrechtes Schruppen.

Abb. 322. Nutenstahl.

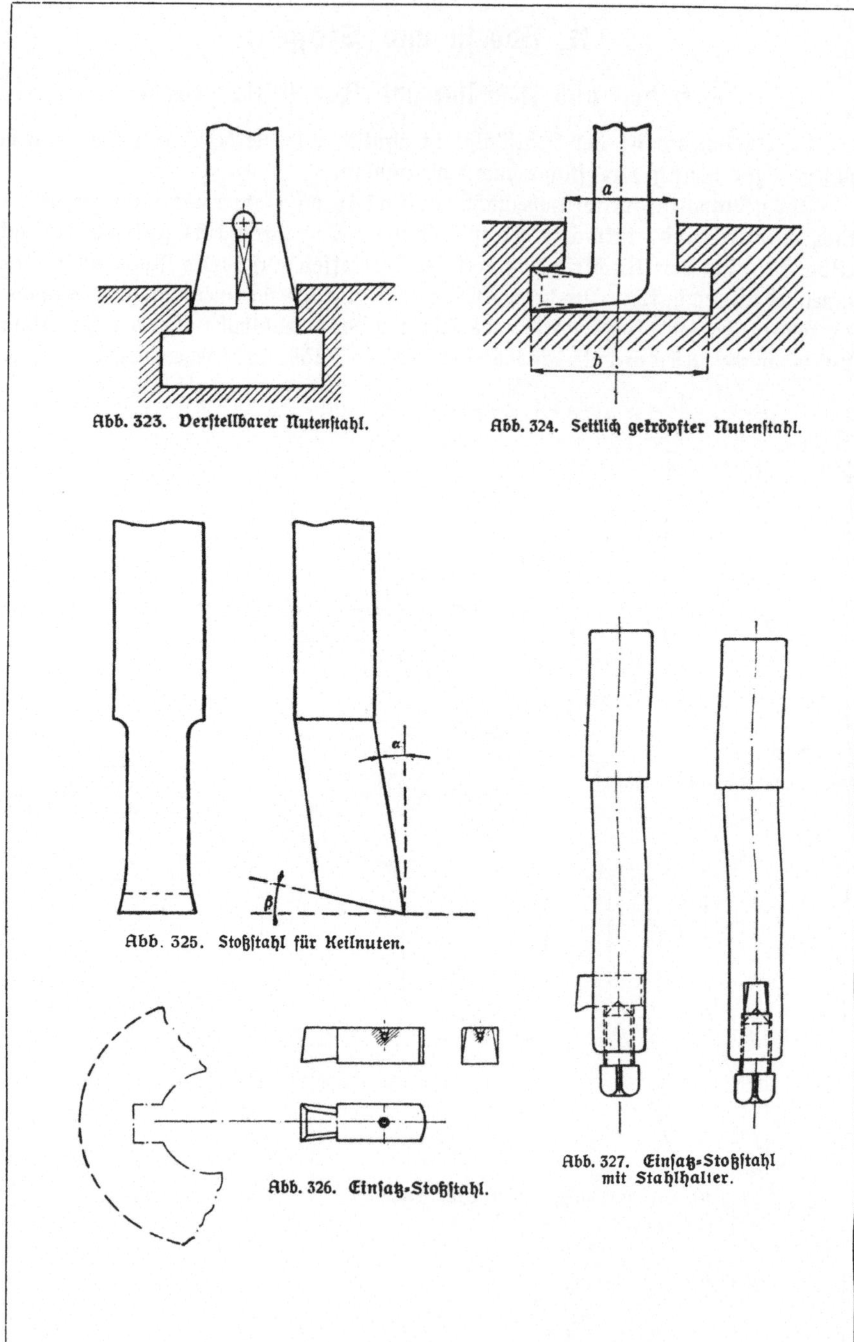

Abb. 323. Verstellbarer Nutenstahl.

Abb. 324. Seitlich gekröpfter Nutenstahl.

Abb. 325. Stoßstahl für Keilnuten.

Abb. 326. Einsatz-Stoßstahl.

Abb. 327. Einsatz-Stoßstahl mit Stahlhalter.

ab, wenn ſie auf harte Stellen ſtoßen. Wir benutzen ſie daher zum Schlichten. Zum ſenkrechten Schruppen eignet ſich ein Stahl nach Abb. 321. Zum Nutenhobeln iſt ein Stahl nach Abb. 322 geeignet. Er iſt ähnlich dem Einſtechſtahl des Drehers und ſoll wie dieſer frei ſchneiden, ohne zu klemmen. Leider paßt er nach dem Schleifen nicht mehr für dieſelbe Nutenbreite. Aus dieſem Grunde verwenden wir verſtellbare Nutenſtähle, wie z. B. den in Abb. 323 dargeſtellten, der ſich durch ein in den Schlitz geſtecktes Blechſtückchen oder dgl. in der Breite verſtellen läßt. Zum Aushobeln von ⊥-förmigen Nuten eignet ſich der ſeitlich gekröpfte Nuten= ſtahl (Abb. 324). Wieder andere Stähle haben Schneiden von der Form eines Fingernagels oder dgl. Es ſind Radiusſtähle, die wir zur Herſtellung von Ab= rundungen anwenden.

Stoßſtähle dienen uns zum Einſtoßen von Nuten in Naben, Buchſen und dgl. und zum Beſtoßen von Flächen. Sie werden auf Druck und Knickung beanſprucht. Abb. 325 zeigt einen Stoßſtahl, der ſich zum Stoßen von Keilnuten eignet. Wie bei den Drehſtählen verwenden wir auch bei den Stoßſtählen Einſatz=Stoßſtähle (Abb. 326), die wir in einen Stahlhalter einſetzen und von oben oder, wie es Abb. 327 zeigt, von unten durch eine Spitzſchraube feſtziehen.

b) Aufſpannen zum Hobeln und Stoßen.

Zum Aufſpannen der Werkſtücke dienen uns die meiſt ⊥-förmigen Nuten des Tiſches unſerer Hobel= und Stoßmaſchine. Weiter gebrauchen wir Spannbolzen mit Vierkantkopf, der von dem unteren Teil der ⊥=Nute aufgenommen wird, und Spanneiſen.

Wir wollen einige gute und ſchlechte Spannverfahren gegenüberſtellen. Zu= nächſt die ſchlechten! In Abb. 328 fehlt eine Unterlage für das Spanneiſen. Die Anlage des Eiſens erfolgt nur auf einer Linie ſtatt auf einer Fläche. Der Bolzen wird ſich krummziehen. In Abb. 329 iſt die Unterlage zu hoch. Es wird dasſelbe eintreten wie im vorigen Beiſpiel. In Abb. 330 haben wir ein gekröpftes Spann= eiſen verwendet. Die Unterlage iſt zu hoch. Außerdem ſitzt hier die drückende Schraubenmutter näher an der Unterlage als am Werkſtück. Der Druck wird links größer als rechts, weil der Hebelarm links kleiner iſt als rechts. Das bedeutet, daß nicht das Werkſtück, ſondern der Unterlegklotz feſtgeſpannt wird. Alle dieſe Fehler ſind in den folgenden Beiſpielen (Abb. 331—334) vermieden. An Stelle von maſ= ſiven Unterlagen, die in großen Ausführungen zu ſchwer und unhandlich werden, verwenden wir auch Spanntreppen (Abb. 335) oder hohle Klötze, die ſog. Parallelſtücke. Ein Spannwerkzeug, das vor allen Dingen den Schneiddruck des Stahles aufzufangen hat, iſt die Kreuzvorlage (Abb. 336), die mit einer angehobelten Feder in die Tiſchnut paßt, vor das Werkſtück geſetzt und mit Spannbolzen angezogen wird. Beim Spannen von dünnen Stücken müſſen wir beſonders vorſichtig ſein, damit wir ſie nicht verſpannen. Wir nehmen hierzu Spannkloben und Spannkeile (Abb. 337). Die Spannkloben ſtecken wir mit ihren zylindriſchen Zapfen in Löcher des Aufſpanntiſches, ſchrauben durch die

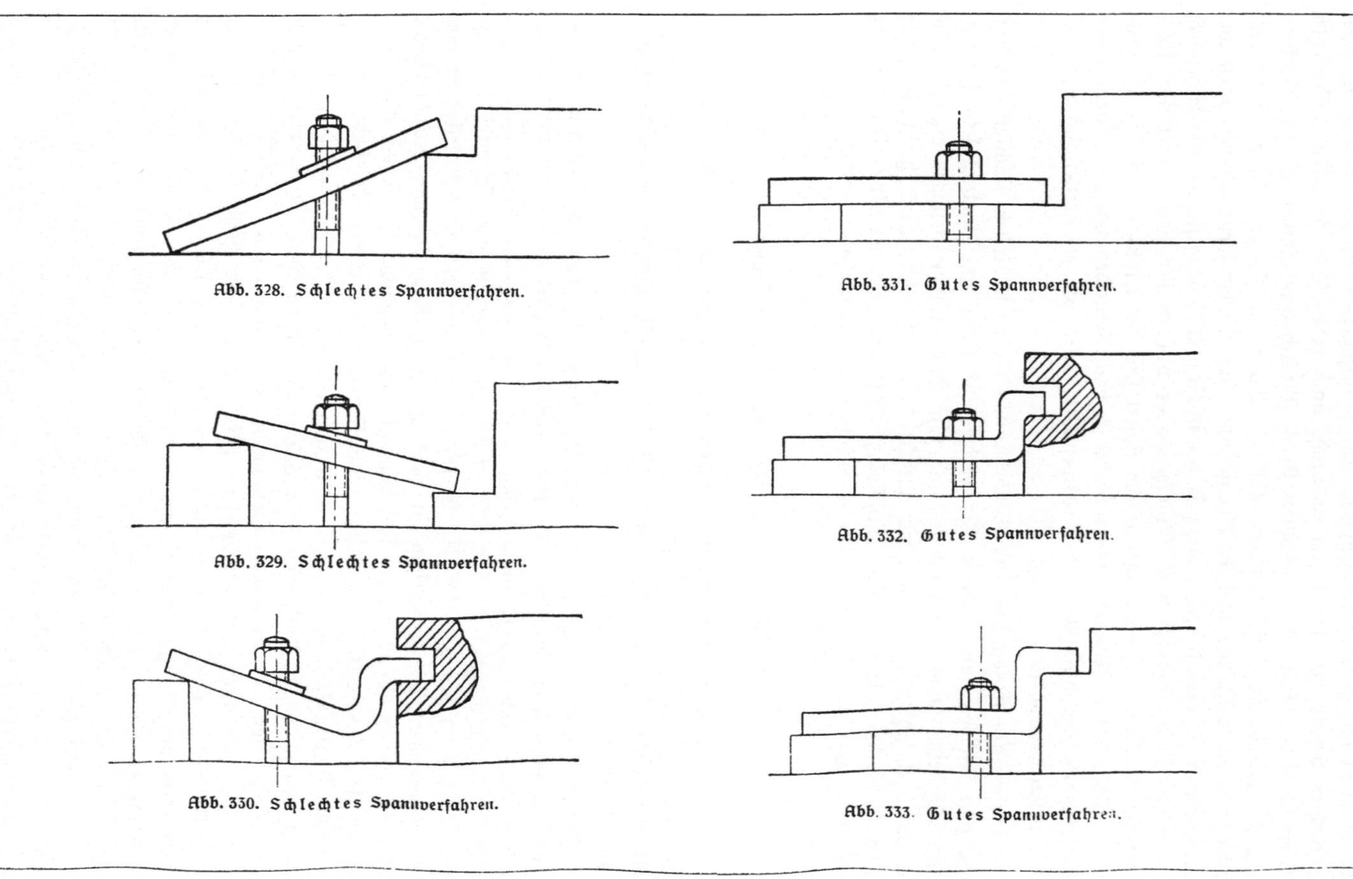
Abb. 328. Schlechtes Spannverfahren.
Abb. 329. Schlechtes Spannverfahren.
Abb. 330. Schlechtes Spannverfahren.
Abb. 331. Gutes Spannverfahren.
Abb. 332. Gutes Spannverfahren.
Abb. 333. Gutes Spannverfahren.

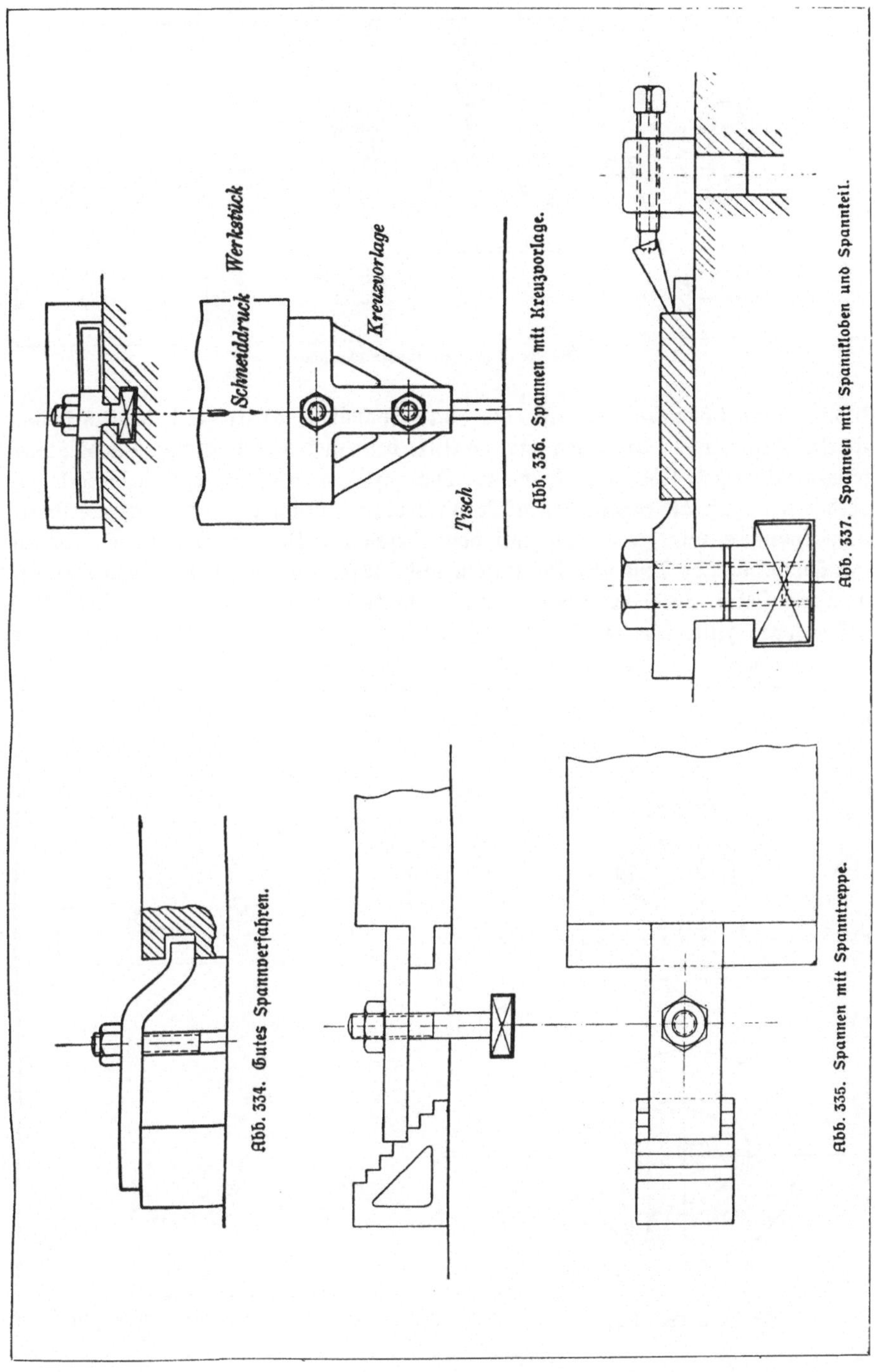
Werkstück
Schneiddruck
Kreuzvorlage
Tisch
Abb. 336. Spannen mit Kreuzvorlage.
Abb. 337. Spannen mit Spanntloben und Spannteil.
Abb. 334. Gutes Spannverfahren.
Abb. 335. Spannen mit Spanntreppe.

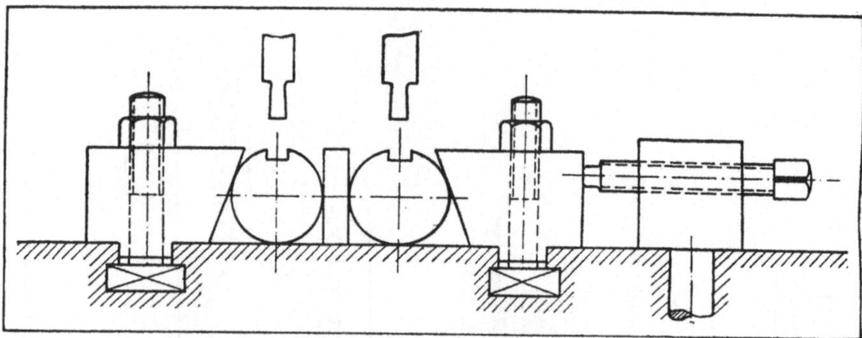

Abb. 338. Spannen runder Werkstücke.

Kloben Druckschrauben hindurch, die auf Spannkeile wirken, und drücken so das Werkstück gegen die Unterlage und die links befindliche Hobelvorlage. Runde Stücke können wir nach Abb. 338 spannen. Die schrägen Flächen der Hobelvorlagen verhindern, daß die runden Werkstücke nach oben gedrückt werden. Kleinere Werkstücke spannen wir zweckmäßig mit dem bekannten Parallelschraubstock. Wollen wir überhängende Teile von Werkstücken unterstützen, so können wir dazu Spannpuppen (Abb. 339) verwenden. Auch verstellbare Unterlagen (Abb. 340) leisten uns gute Dienste. Um sie zu verstellen, verschieben wir das Oberteil in

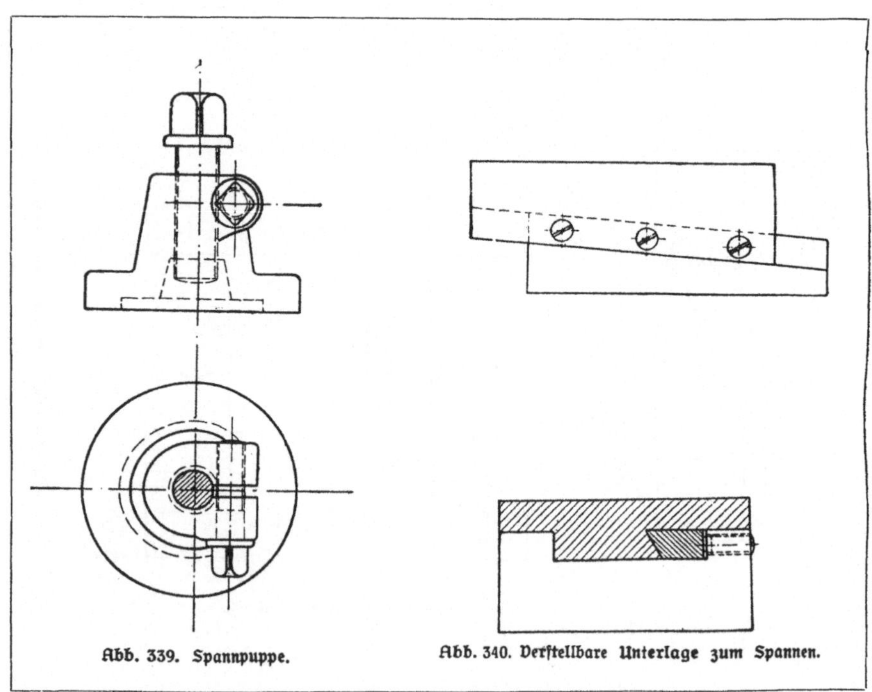

Abb. 339. Spannpuppe.   Abb. 340. Verstellbare Unterlage zum Spannen.

der schrägen Führung des Unterteils und klemmen es dann mit Beilageleiste und Druckschrauben fest.

c) Hobelarbeiten und Stoßarbeiten.

Beim Hobeln haben wir drei Bewegungsmöglichkeiten zu unterscheiden:

1. Das Werkstück steht still, der Hobelstahl macht die Hauptbewegung und den Vorschub.

2. Das Werkstück macht die Hauptbewegung, der Hobelstahl den Vorschub. Diese Bewegungsart sehen wir an der Tischhobelmaschine.

3. Der Hobelstahl macht die Hauptbewegung, das Werkstück den Vorschub, was wir an der Querhobelmaschine (Shapingmaschine) beobachten können.

Je nach der Richtung des Vorschubes unterscheiden wir Querhobeln,

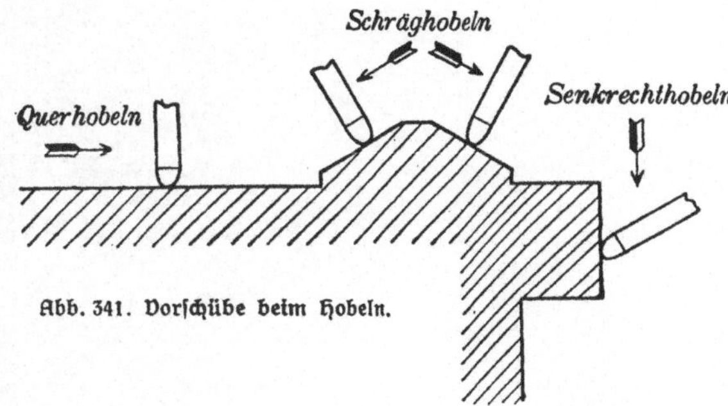

Abb. 341. Vorschübe beim Hobeln.

Schräghobeln, Senkrechthobeln (Abb. 341).

Die Schnittgeschwindigkeit beim Hobeln beträgt 15 bis 20 m/min beim Schruppen und 18 bis 30 m/min beim Schlichten. Der Rücklauf ist erheblich beschleunigt, um die „toten Zeiten" herabzumindern.

Das Hobeln ist vorteilhaft, wenn lange, schmale Stücke zu bearbeiten sind. Wenn angängig, spannen wir mehrere gleichartige Stücke hintereinander, um den Hub der Maschine möglichst auszunutzen.

d) Hobelmaschinen und Stoßmaschinen.

Die abgebildete Hobelmaschine (Abb. 342) besteht in der Hauptsache aus einem Tisch, der in den V=förmigen Führungen des Bettes hin= und herläuft, einem Querschlitten mit dem Support und aus der Antriebseinrichtung. Wir wollen mit dem Antrieb der Hobelmaschine beginnen (Abb. 343). Vom Deckenvorgelege aus laufen ein offener und ein gekreuzter Riemen zu einer größeren und einer kleineren Stufe einer Stufenscheibe. Der offene Riemen ist in diesem Falle der Arbeitsriemen, der gekreuzte, der die schnellere Bewegung herbeiführt, der Rücklaufriemen. Der Arbeitsriemen treibt die Stufenscheibe rechts herum, ebenso Stirnrad 1. Dann dreht sich Stirnrad 2 links herum, ebenso Stirnrad 3. Weiter läuft Stirnrad 4 rechts herum und verschiebt eine Zahnstange und den mit ihr verbundenen Hobeltisch nach rechts. Tritt dagegen der Rücklaufriemen in Tätigkeit, so erfolgen alle Bewegungen in umgekehrter Richtung wie vorher, und der Tisch läuft beschleunigt nach links zurück. In welcher Weise die Umsteuerung vor sich gehen kann — es gibt noch andere Möglichkeiten — zeigt uns Abb. 344. Auf der Arbeitswelle sitzen eine doppeltbreite lose Scheibe und eine einfachbreite feste Scheibe, die für den gekreuzten Rücklauf=

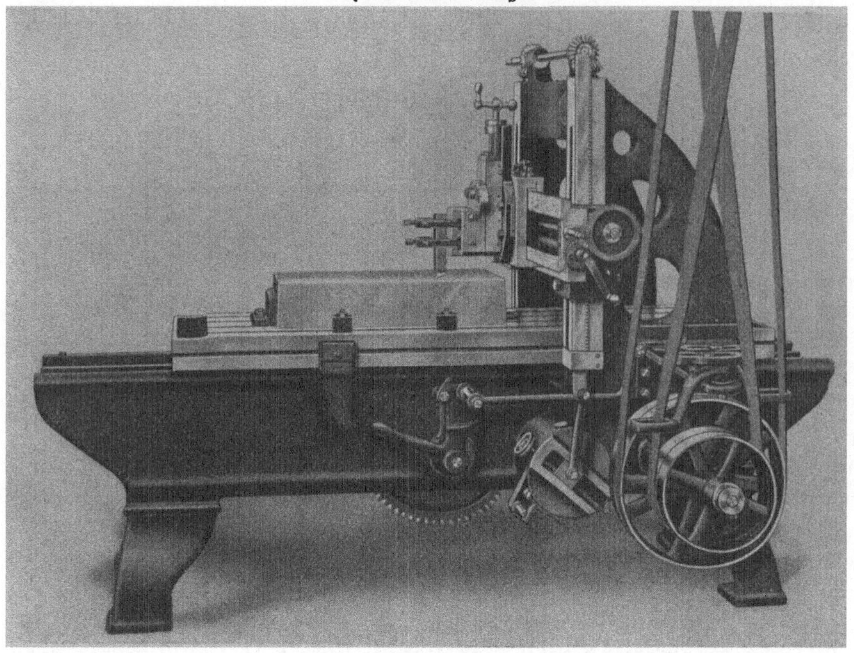

Abb. 342. Hobelmaschine von Böhringer.

riemen bestimmt sind. Daneben befinden sich eine einfachbreite feste und eine
doppeltbreite lose Scheibe, sämtlich von größerem Durchmesser, über die der Arbeits=
riemen läuft. In der gezeichneten Lage erfolgt der Arbeitsgang, da der Arbeits=
riemen über eine feste Scheibe, der Rücklaufriemen über eine lose Scheibe läuft.
Werden nun beide Riemen in Pfeilrichtung um eine Scheibenbreite verschoben,

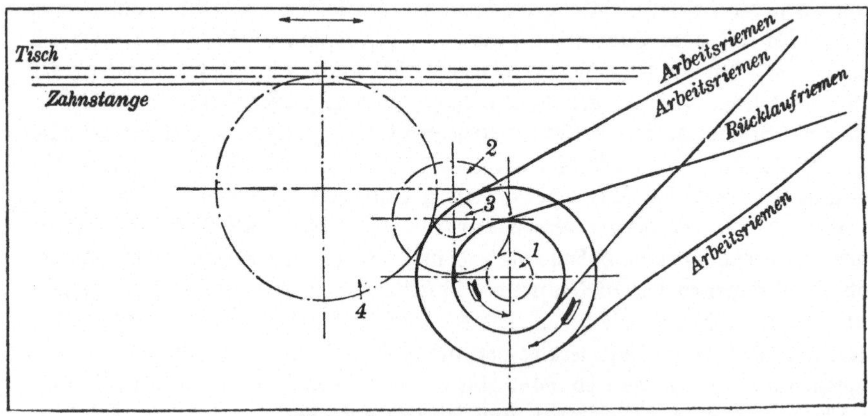

Abb. 343. Antrieb der Hobelmaschine.

so steht die Ma=
schine still, denn
beide Riemen
laufen nun=
mehr über lose
Scheiben. Wer=
den die Riemen
abermals um
eine Scheiben=
breite verscho=
ben, so erfolgt
beschleunigter
Rücklauf. Die
Riemenver=
schiebung selbst
geschieht selbst=
tätig von dem
Tisch der Ma=
schine aus (Abb.
345). Am
Maschinentisch
sitzen zwei
Knaggen, die
wir je nach
dem gewünsch=
ten Hub der
Maschine ver=
stellen. Diese

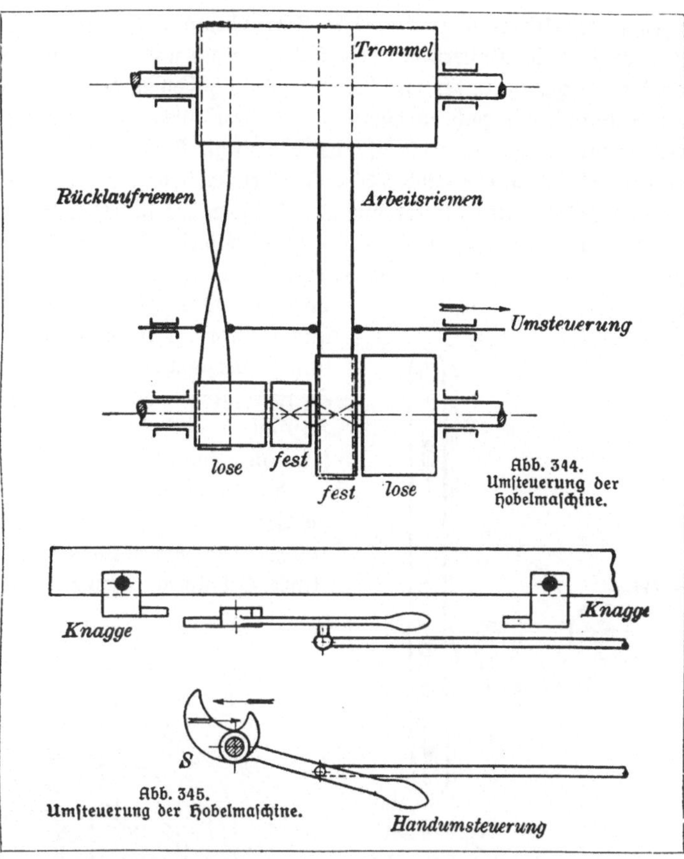

Abb. 344.
Umsteuerung der
Hobelmaschine.

Abb. 345.
Umsteuerung der Hobelmaschine.

Knaggen stoßen abwechselnd gegen die Nasen des Steuerhebels S, und zwar die linke Knagge gegen die rechte Nase, die rechte Knagge gegen die linke Nase, wie die Pfeile es andeuten. In derselben Weise, wie der Hebel S um= gelegt wird, verschiebt sich auch die mit ihm verbundene Steuerstange. Das in der Abbildung nicht sichtbare Ende dieser Stange bewirkt mit Hilfe von Riemen= gabeln das abwechselnde Hin= und Herschieben der beiden Antriebsriemen für Arbeitsgang und Rücklauf. Wir können den Steuerhebel S auch mit der Hand um= legen. Dies tun wir z. B. beim Einstellen des Hubes oder wenn wir den Tisch zum Einspannen des Werkstückes oder dgl. auslaufen lassen.

Über dem Tisch der Hobelmaschine (Abb. 342) befindet sich der Support. Wir können ihn quer zum Hobeltisch bewegen, indem wir an einer Schrauben= spindel des Querschlittens kurbeln. Die Spindel greift in eine Mutter des Sup= ports ein und verschiebt diesen somit. Den Support können wir zum Schräghobeln auch schrägstellen. Schließlich können wir den ganzen Querschlitten in der Höhe verstellen, indem wir an der Welle oben über den Ständern kurbeln. Diese Welle trägt zwei Kegelräder, die in zwei andere, auf senkrechten Schraubenspindeln sitzende Kegelräder eingreifen. Die Schraubenspindeln, die im Bilde nicht sichtbar sind, greifen in Muttern des Querschlittens ein und heben oder senken ihn, je nach der Drehrichtung, in der wir kurbeln. Wir haben in der Werkstatt beobachtet, daß der Support sich nach Beendigung des Leerlaufes und vor Beginn des neuen Arbeitsganges selbsttätig ruckweise weiterbewegt. Diese **Schaltbewegung** kommt folgendermaßen zustande (Abb. 346). Auf der Antriebswelle der Hobelmaschine sitzt eine Kurbelscheibe. Diese bewegt eine am Ständer der Maschine geführte Zahnstange Z auf und ab. Die Zahnstange Z treibt über die Zahnräder 1, 2, 3 eine Schaltdose (Abb. 347). Sie besteht in der Hauptsache aus einer auf die Schaltwelle (Abb. 342, oben im Querschlitten) aufgefederten Buchse A und einem darüber befindlichen, außen und innen verzahnten Stirnrad B. In die inneren Zähne greift die Sperrklinke C ein, deren Zapfen in der Buchse A gelagert ist. Bewegt sich die Zahnstange mit einem Ruck abwärts — die Zwischenräder sind in der Abbildung fortgelassen —, so gleiten die Innenzähne des Zahnrades über den vorstehenden Zahn der Sperrklinke C hinweg. Bewegt sich die Stange auf-

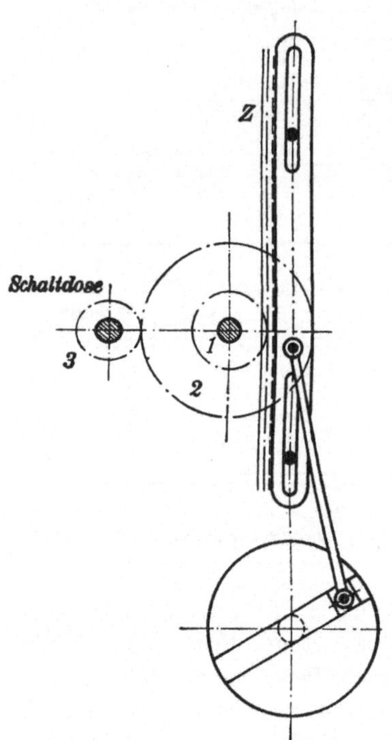

Abb. 346. Antrieb der Schaltung.

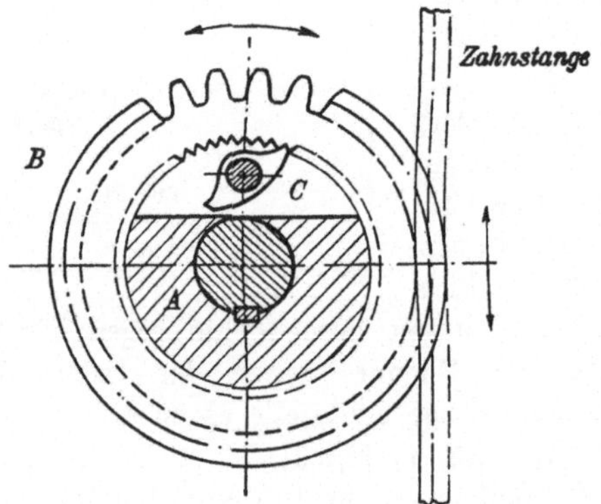

Abb. 347. Schaltdose.

wärts, so nehmen die Innenzähne die Sperrklinke mit, drehen dadurch Buchse A mit der Schaltwelle, wodurch der Support ruckweise weiter geschaltet wird. Legen wir die Sperrklinke so um, daß der untere Zahn an Stelle des oberen mit der Innenverzahnung in Eingriff steht, dann erfolgt die Schaltung des Hobelstahles in umgekehrter Richtung.

Bei der **Querhobelmaschine** (Shapingmaschine, Abb. 348) bewegt sich der Stößel mit dem Hobelstahl hin und her, während das auf den Tisch der Maschine gespannte Werkstück mit dem Tisch den Vorschub macht. Die Schaltung des Tisches erfolgt durch ein ähnliches Schaltwerk wie bei der Hobelmaschine.

Abb. 348. Querhobelmaschine der Wotanwerke.

Die Stoßmaschine (Abb. 349) arbeitet fast wie die vorgenannte Maschine, nur geht der Stößel mit dem Stoßstahl senkrecht auf und ab. Das Werkstück erfährt dabei den Vorschub.

12. Zusammenstellungsarbeiten.

a) Vernieten.

Die Wirkungsweise der Vernietung ist folgende. Wir stecken das erwärmte Niet (Abb. 350) durch die zu verbindenden Teile, pressen mit dem Nietenzieher, einem hohlen Stempel, den wir über den Schaft des Nietes stecken, die Teile zusammen, wobei der Setzkopf aufliegt, stauchen das Niet durch Hammerschläge auf den Schaft und breiten diesen zum Schließkopf aus. Dem Schließkopf geben wir mit

Abb. 349. Stoßmaschinen von Sondermann & Stier.

Hilfe eines Döppers oder Schellhammers, der die entsprechende Aushöhlung besitzt, die endgültige Form. Beim Erkalten zieht sich das Niet zusammen, füllt die Bohrung nicht mehr völlig aus, preßt aber die zu verbindenden Teile so fest zusammen, daß sie sich nicht mehr verschieben können. Das Niet wird also auf Zug beansprucht. Beim Niet sind plötzliche Querschnittsänderungen vermieden. Daher ist der Übergang zwischen Kopf und Schaft kegelig. Auch das Ende des Schaftes ist ursprünglich konisch, damit sich das Niet bequemer in das gebohrte Loch einführen läßt. Nieten bestehen in der Regel aus demselben Stoff wie die zu verbindenden Werkstücke, also aus Schmiedeisen, Stahl, Kupfer, Messing, Aluminium und dgl. Die Abb. 351—354 zeigen uns die richtige Ausführung einer Vernietung. Das Niet ist mit dem Nietenzieher einzuziehen (Abb. 351), dann zu stauchen, wobei sich der Schließkopf bildet (Abb. 352). Danach ist der Schließkopf mit der Finne des Hammers zu formen (Abb. 353) und schließlich der Kopf mit dem Döpper, auch Schellhammer genannt, fertig zu formen (Abb. 354).

Folgende Fehler werden häufig beim Vernieten gemacht: Der Nietschaft ist schief (Abb. 355) oder mit Grat abgeschnitten (Abb. 356). Niet und Nietkopf werden krumm. Die richtige Ausführung zeigt Abb. 357. — Das Niet ist schlecht ein=

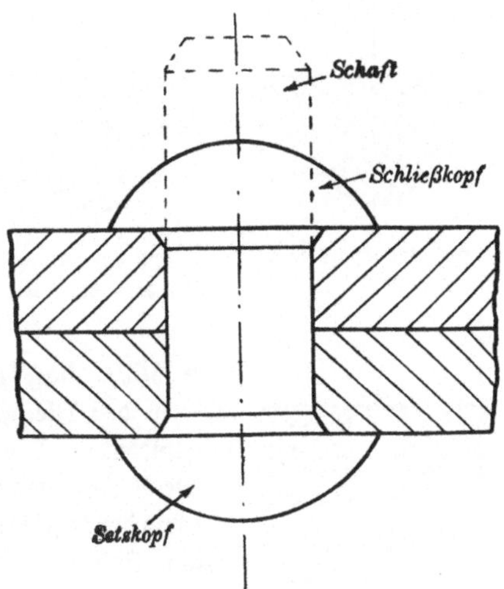

Abb. 350. Vernietung.

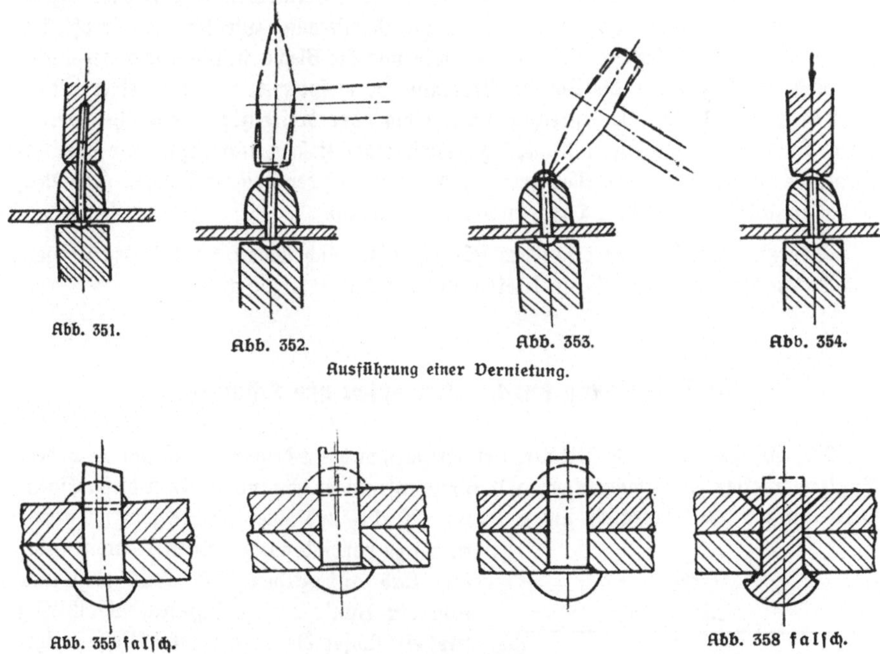

Abb. 351. Abb. 352. Abb. 353. Abb. 354.

Ausführung einer Vernietung.

Abb. 355 falsch. Abb. 358 falsch.

Gute und schlechte Vernietungen.

gezogen oder beim Vernieten zurückgegangen (Abb. 358). Es bildet sich unter dem Setzkopf ein Ansatz, die Vernietung ist nicht fest. In Abb. 359 liegt der Setzkopf dicht am Blech an, die Vernietung ist gut. — Das Niet ist so schlecht eingezogen

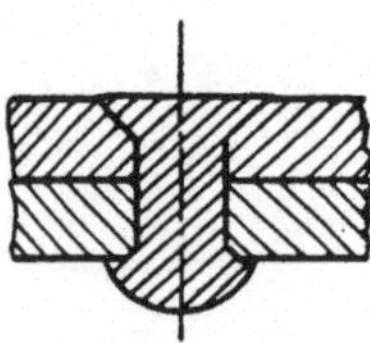 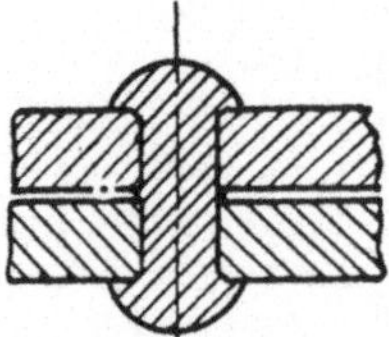 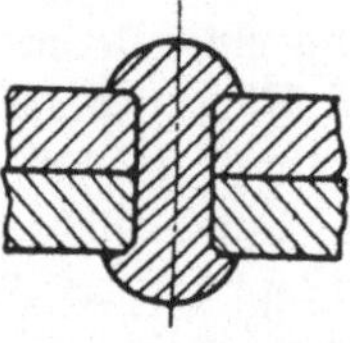 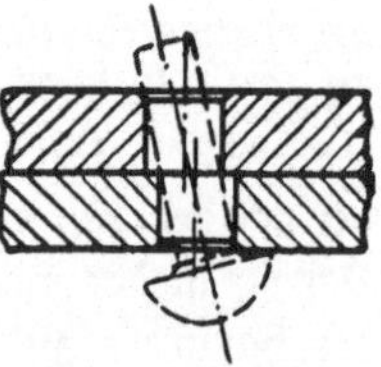

Abb. 359 richtig. Abb. 360 falsch. Abb. 361 richtig. Abb. 362 falsch.

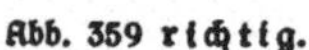

Abb. 351—362. Gute und schlechte Vernietungen.

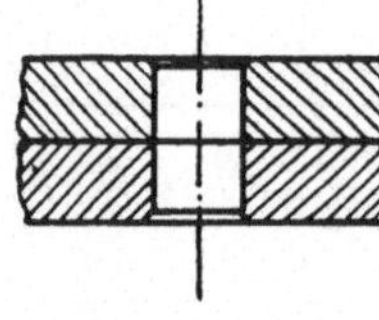

Abb. 363 richtig.

(Abb. 360), daß die Bleche auseinanderklaffen. Es entsteht zwischen den Blechen ein Bund. In Abb. 361 ist dagegen richtig genietet. — Die Nietlöcher der zu verbindenden Bleche sind gegeneinander versetzt (Abb. 362). Man müßte ein dünneres Niet und dieses schief einstecken, was eine sehr schlechte Vernietung ergäbe. Abb. 363 zeigt das Gegenbeispiel in guter Ausführung.

Je nach dem Zweck der Vernietung verwenden wir verschiedene Nietformen. Der Nietkopf für eine nur feste Vernietung ist z. B. gedrungener als der für eine dichte oder feste und dichte Vernietung, wie sie an Dampfkesseln üblich ist. Auch ist die Art und Weise, wie wir die Bleche miteinander verbinden, verschieden. Legen wir die Bleche übereinander, so sprechen wir von einer Überlappungsnietung, die einreihig, zweireihig oder dreireihig ausgeführt werden kann. Lassen wir die Bleche stumpf gegeneinander stoßen und legen wir über die Stoßstelle einen besonderen Blechstreifen, den wir mit den beiden Blechen vernieten, so haben wir es mit einer Laschennietung zu tun.

Vernietungen kommen besonders häufig in Kesselschmieden, im Schiffs-, Wagen- und Lokomotivbau vor. Kleine Nieten werden kalt eingezogen.

b) Verbindung durch Schrumpfen und Schwinden.

Wir wissen, daß sich Metalle bei Erwärmung ausdehnen und sich nach dem Erkalten wieder zusammenziehen, d. h. schrumpfen oder schwinden. Von dieser Eigenschaft machen wir Gebrauch, um z. B. eine Kurbel und einen Kurbelzapfen miteinander zu verbinden oder einen Radreifen auf ein Rad aufzuziehen. Abb. 364 zeigt uns, wie ein Bund, der gleichzeitig als Ölring für ein Lager dient, auf eine Welle aufgebracht werden kann. Wir erwärmen den Ring, der in diesem Zustande gerade über die Welle geht, und lassen ihn auf der Welle erkalten. Dann sitzt er so fest, daß wir ihn nur noch mit Gewalt entfernen können.

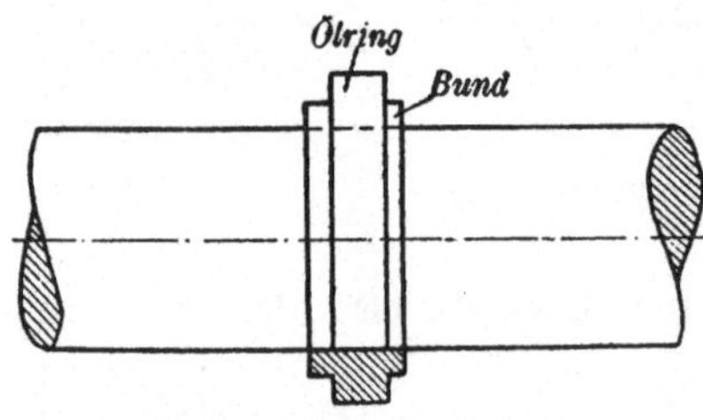

Abb. 364. Schrumpfverbindung.

c) Verstiften.

Um lösbare Verbindungen zweier Maschinenteile auszuführen, wenden wir zylindrische Stifte, auch Paßstifte oder Prisonstifte[1]) genannt, und Kegelstifte an. Selbst wenn wir Verschraubungen ausführen, benutzen

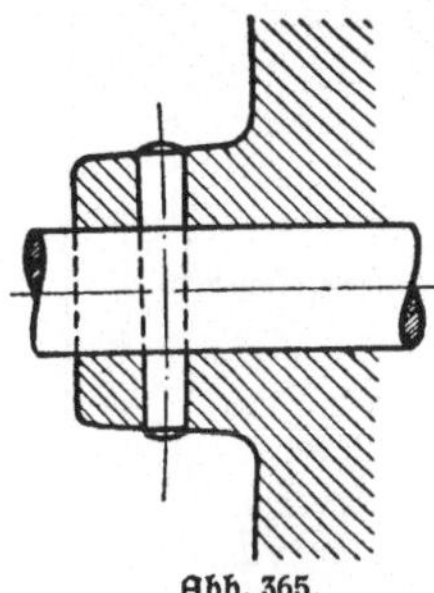

wir solche Stifte, um die Lage der zu verbindenden Teile gegeneinander zu sichern. Abb. 365 zeigt eine Verbindung durch Kegelstift. Große Kräfte lassen sich mit ihnen nicht übertragen. Beim Lösen derartiger Verbindungen haben wir uns davon zu überzeugen, ob zylindrische oder konische Stifte angewandt sind. Sind es diese, so müssen wir sie natürlich durch

Abb. 365.
Verbindung durch Kegelstift.

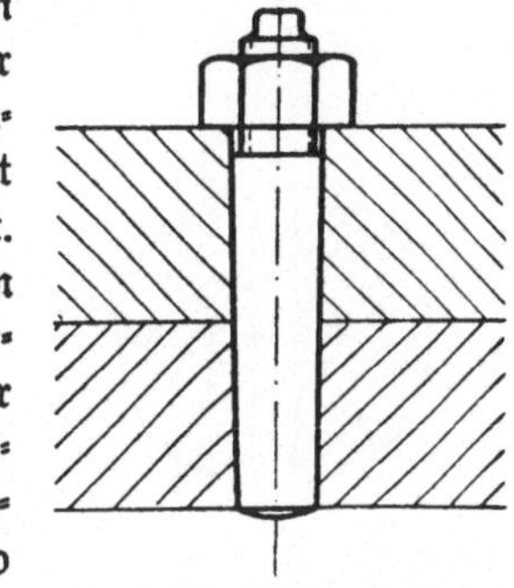

Abb. 366. Kegelstift mit Mutter.

Schlagen auf das schwache Ende lösen. Bequem lassen sich Kegelstifte mit Mutter (Abb. 366) lösen. Wenn wir die Mutter anziehen, so hebt sich der Stift heraus.

d) Verbindung durch Keile.

Lösbare Verbindungen stellen wir sehr häufig durch Keile her. Unter Anzug des Keiles verstehen wir das Verhältnis von a zu b, geschrieben a : b (Abb. 367). Der Wert dieses Verhältnisses wird um so größer, je größer der Steigungswinkel α ist. Der abgebildete Keil hat einfachen Anzug. Ist er beiderseits abgeschrägt, so hat er doppelten Anzug.

Wir verwenden die Keile auf zahlreiche verschiedene Arten:

Querkeile (Abb. 368), deren Achse senkrecht zur Achse der zu verbindenden Teile liegt, benutzen wir z. B. zur Verbindung von Kolbenstange und Kreuzkopf.

Von den Längskeilen dienen Nutenkeile (Abb. 369) oder Flachkeile, auch Federn genannt, z. B. zur Verbindung von Rad und Welle. Solche Keile sitzen ungefähr bis zur halben Höhe in einer Nut der Welle, während der übrigbleibende Teil von der Nut des Rades aufgenommen wird.

Flächenkeile (Abb. 370) sind nicht so betriebssicher wie die Nutenkeile, weil sie nicht in, sondern auf der geflächten Welle sitzen. Wir wenden sie nur ausnahmsweise an, z. B. dann, wenn wir nachträglich noch ein Rad oder eine Scheibe auf eine Welle aufzusetzen haben. Ebenso verhält es sich mit den Hohlkeilen (Abb. 371).

Rundkeile (Abb. 372) sitzen zur Hälfte in der Welle, zur Hälfte in der Nut einer Nabe.

Tangentialkeile (Abb. 373) wenden

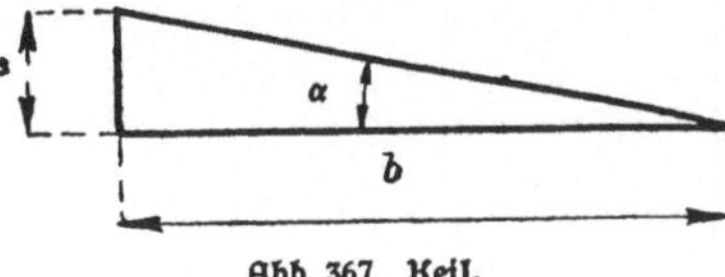

Abb. 367. Keil.

---

1) prison = Gefängnis.

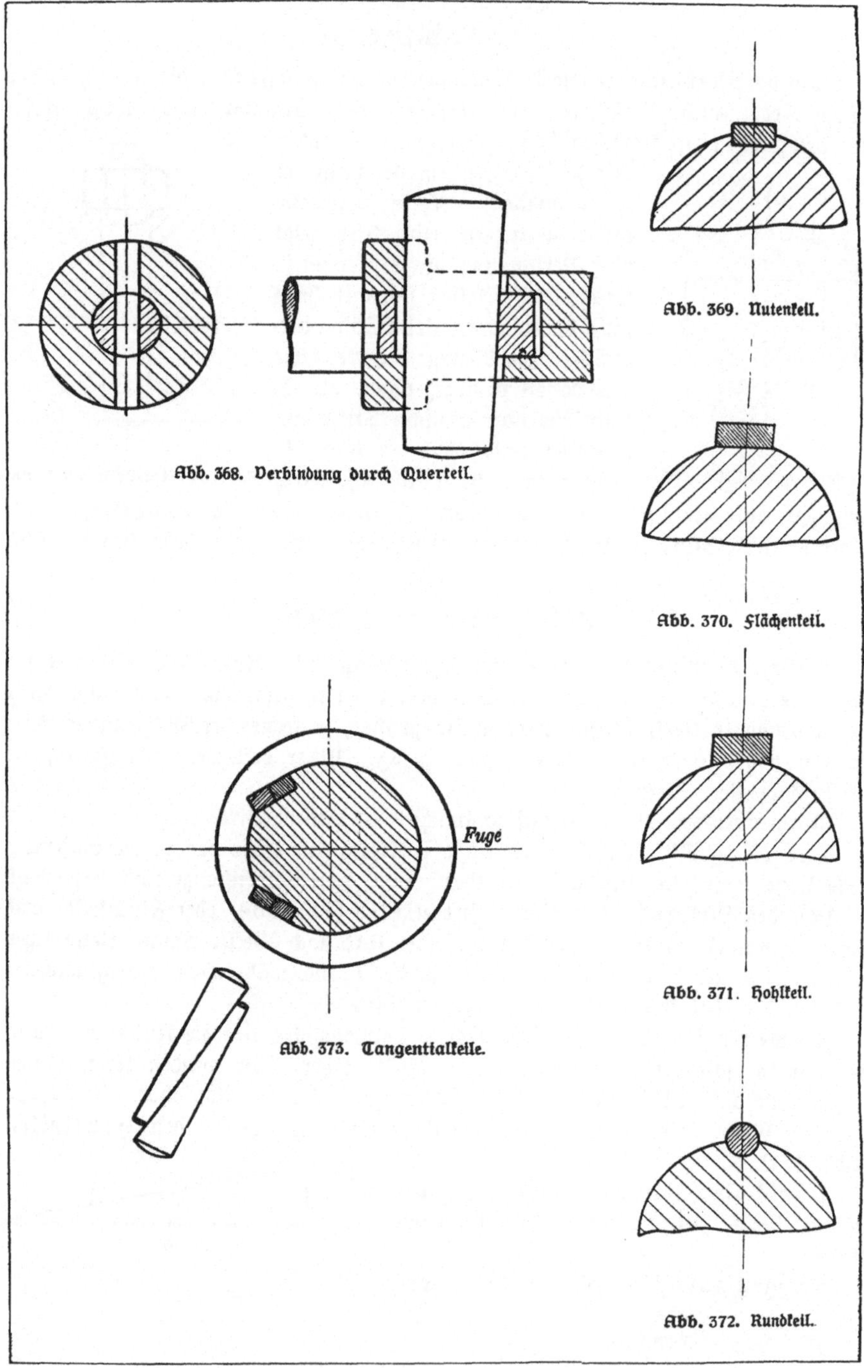

Abb. 368. Verbindung durch Querteil.

Abb. 373. Tangentialkeile.

Abb. 369. Nutenkeil.

Abb. 370. Flächenkeil.

Abb. 371. Hohlkeil.

Abb. 372. Rundkeil.

wir dann an, wenn wir Riemenscheiben oder dgl. mit offenen Naben (z. B. geteilte Scheiben) aufzukeilen haben.

Scheibenkeile haben fast halbkreisförmige Gestalt, lassen sich bequem befestigen, schwächen aber den betreffenden Wellenteil, weil die Nut für den Keil tief in die Welle eingefräst werden muß.

Zapfenkeile (Abb. 374) mit einem Zapfen in der Mitte oder am Ende benutzen wir, wenn wir ein Rad oder dgl. mitsamt dem Keil in der Längsrichtung einer Welle zu verschieben haben (Abb. 375) oder wenn der Keil in senkrechter Lage in dem aufgekeilten Stück festgehalten werden soll.

Nasenkeile sind Flachkeile, die an einem Ende einen Vorsprung (Nase) haben, damit wir sie leichter hinein- und heraustreiben können. Die vorstehende Nase gibt aber leicht Anlaß zu Unfällen.

e) Verschrauben.

Die häufigste lösbare Verbindung, die wir überhaupt anwenden, ist die Schraubenverbindung. Auch unlösbare Verbindungen können wir mit Hilfe der Schrauben herstellen.

Eine der gebräuchlichsten Schrauben ist die Verbindungsschraube (Abb. 376).

Wollen wir vermeiden, daß sich der Schraubenbolzen dreht, während wir die Mutter anziehen, dann wenden wir Schrauben mit Vierkantkopf (Abb. 377) an, deren Kopf in eine entsprechende Aussparung des Werkstückes hineinpaßt.

Den Gewindestift mit Spitze (Abb. 378), wegen seiner Form auch Raupe oder Made genannt, verwenden wir zur Befestigung von Hebeln, kleinen Riemenscheiben, Stellringen und dgl. auf der zu diesem Zweck angebohrten Welle.

Gewindestifte mit Zapfen (Abb. 379) sollen mit dem abgesetzten Druckzapfen Teile zusammendrücken, wie z. B. Nachstelleiste und Supportführung. Wir härten den Druckzapfen, damit er sich nicht so leicht abnutzt.

Senkschrauben (Abb. 380) benutzen wir als Verbindungsschrauben, wenn der Kopf der Schraube aus irgendeinem Grunde nicht hervorstehen soll.

Linsenschrauben (Abb. 381), so genannt wegen des linsenförmigen Kopfes, dienen z. B. zum Verschluß von Öllöchern an Maschinen.

Die Anwendung einer Stiftschraube geht aus Abb. 382 hervor. Zum Einschrauben gebrauchen wir den Stiftsetzer (Abb. 383).

Stehbolzen (Abb. 384) dienen dazu, zwei Maschinenteile in bestimmtem Abstand voneinander zu halten.

Mit Zwischenkopfschrauben (Abb. 385) verbinden wir drei Maschinenteile miteinander. Wir können bei dieser Verschraubung einen Teil lösen, ohne daß die Verbindung der beiden anderen unterbrochen wird.

Mit der Steinschraube (Abb. 386) befestigen wir Maschinen auf ihren Fundamenten in der Weise, daß wir den vierkantigen Schaft mit Zement oder Blei im Fundament vergießen. Der Schaft besitzt Einkerbungen, damit er sich nicht so leicht lockert.

Ähnlichen Zwecken dienen Fundamentanker (Abb. 387), deren untere Mutter durch einen Kanal zugänglich ist.

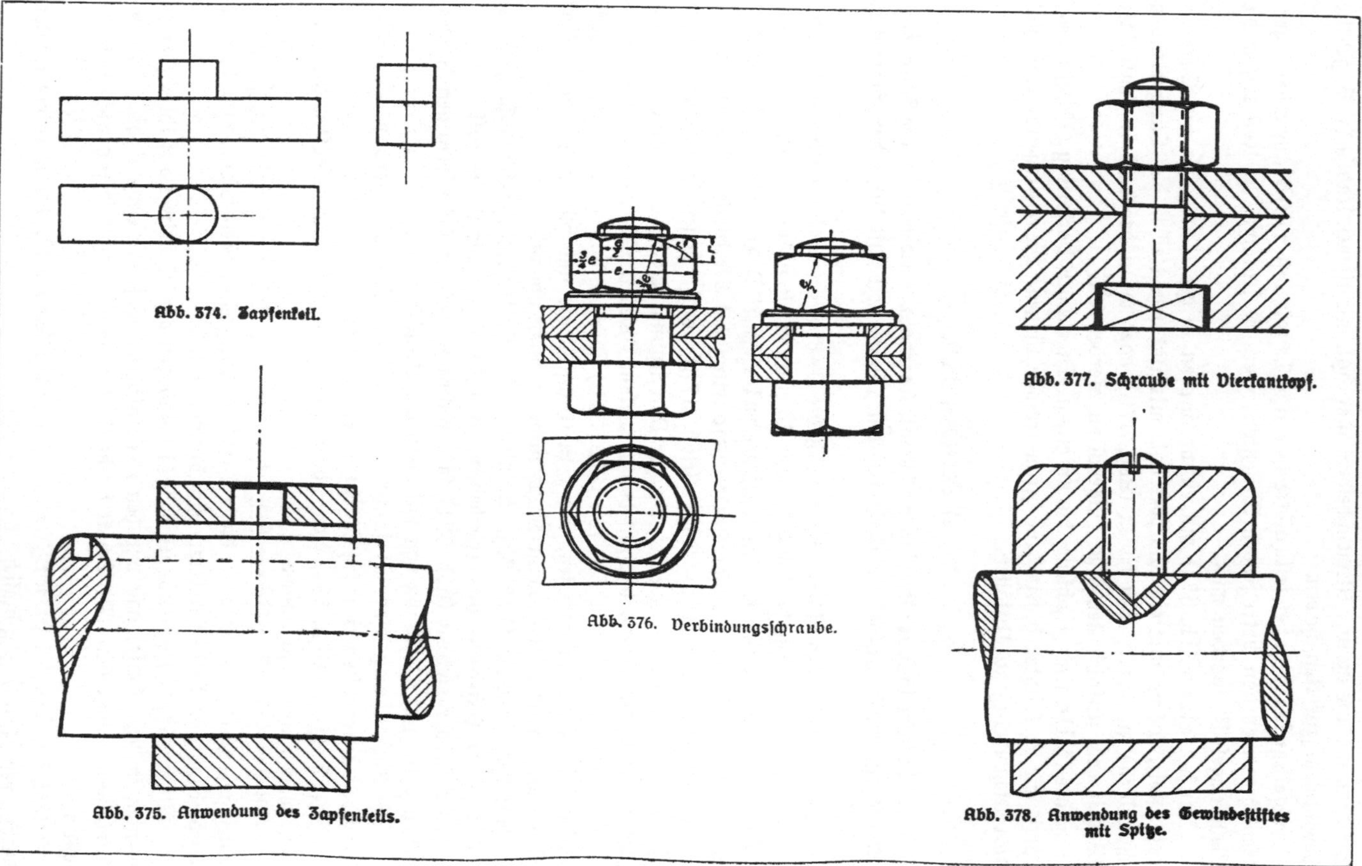

Abb. 374. Zapfenkeil.

Abb. 375. Anwendung des Zapfenkeils.

Abb. 376. Verbindungsſchraube.

Abb. 377. Schraube mit Vierkantkopf.

Abb. 378. Anwendung des Gewindestiftes mit Spitze.

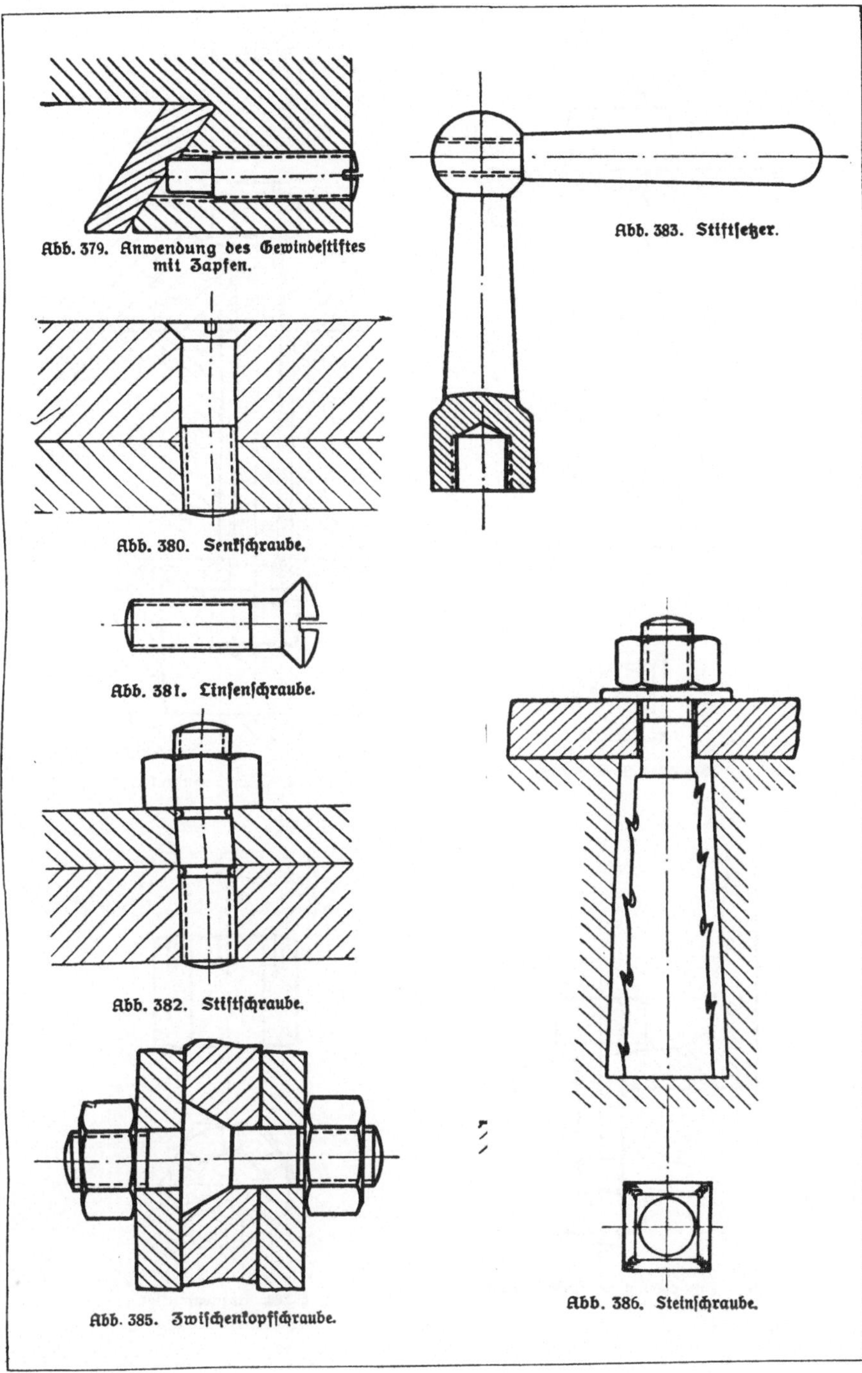

Abb. 379. Anwendung des Gewindestiftes mit Zapfen.

Abb. 380. Senkschraube.

Abb. 381. Linsenschraube.

Abb. 382. Stiftschraube.

Abb. 383. Stiftsetzer.

Abb. 385. Zwischenkopfschraube.

Abb. 386. Steinschraube.

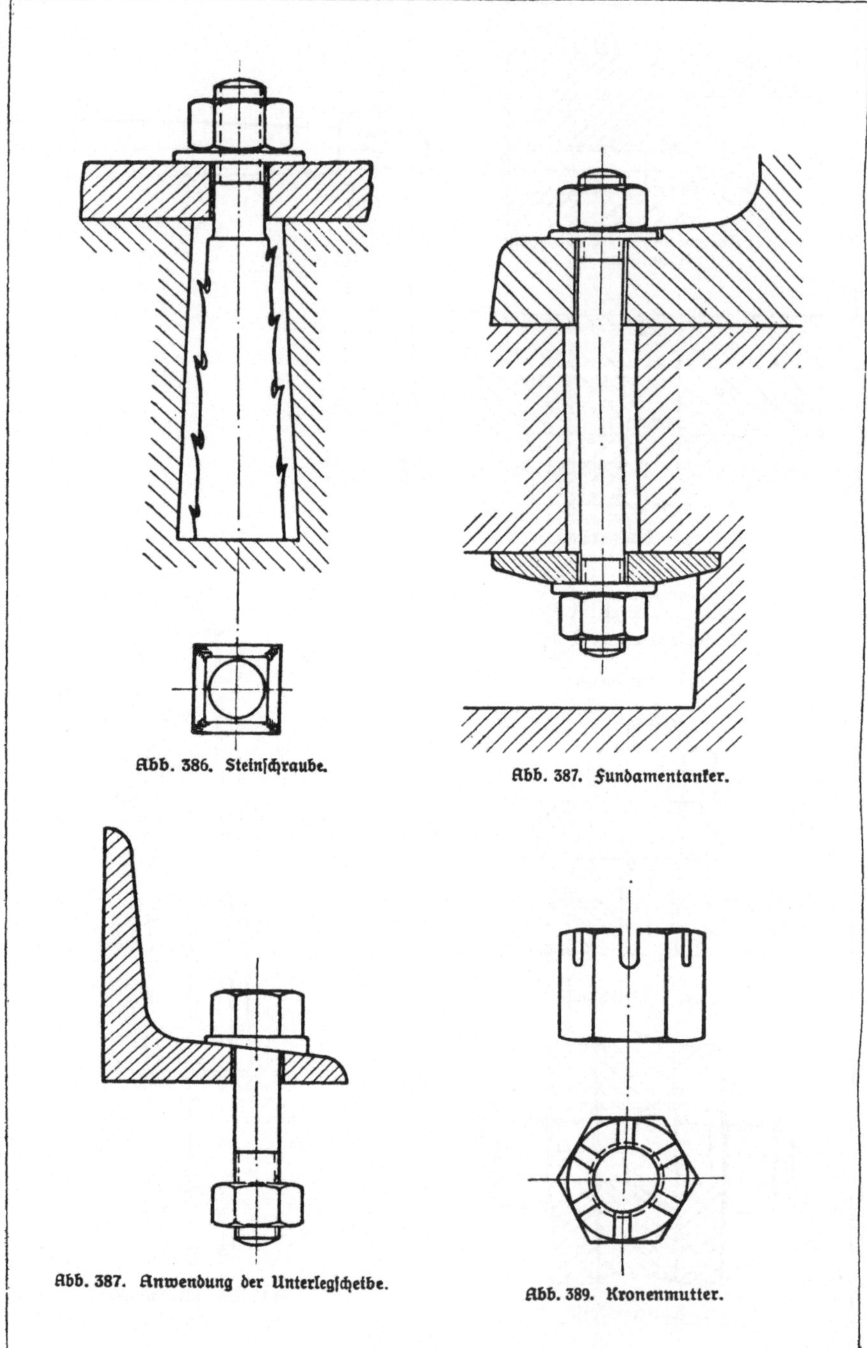

Abb. 386. Steinschraube.

Abb. 387. Fundamentanker.

Abb. 387. Anwendung der Unterlegscheibe.

Abb. 389. Kronenmutter.

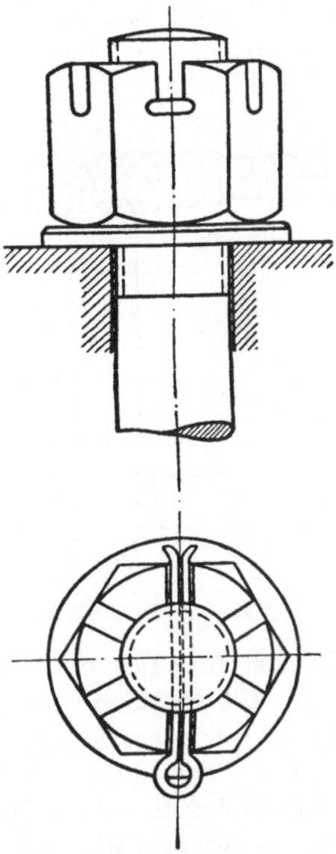

Abb. 390. Schraubensicherung. 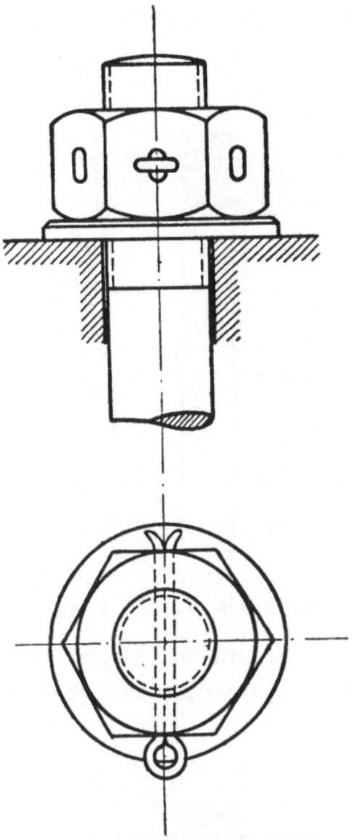   Abb. 391. Schraubensicherung.

Unterlegscheiben benutzen wir, wenn das Schraubenloch erheblich größer als der Bolzen ist oder wenn die Oberfläche der Unterlage aus weichem Werkstoff besteht oder wenn die Unterlage uneben ist, wie bei der Verschraubung eines Winkeleisens (Abb. 388).

Schraubenmuttern haben meistens die bekannte Sechskantform, doch verwenden wir auch Vierkantmuttern, Rundmuttern, Flügelmuttern, Überwurfmuttern (zum Abdichten z. B.) und Kronenmuttern (Abb. 389), die mit Schlitzen zur Aufnahme eines Sicherungsstiftes versehen sind.

Wie die Sicherung erfolgt, zeigt Abb. 390. Statt dessen können wir auch Mutter und Bolzen durchbohren und einen Splint durchstecken (Abb. 391), der die aufgeschraubte Mutter an der Drehung hindern soll. Zuweilen legen wir auch eine

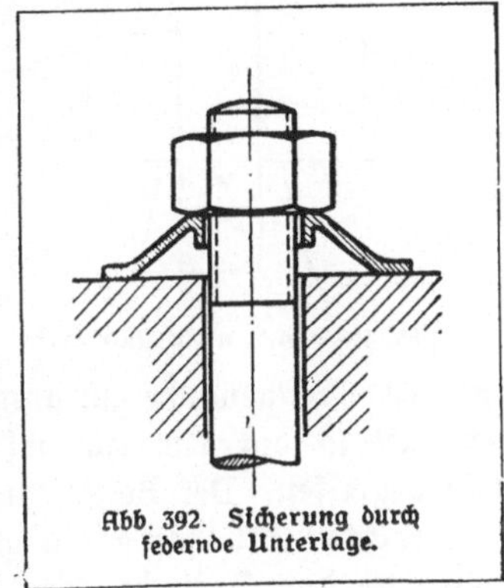

Abb. 392. Sicherung durch federnde Unterlage.

federnde Unterlage (Abb. 392) unter die Mutter, ziehen dieſe kräftig an und erreichen so, daß die Mutter auch dann auffitzt, wenn ſich der Schraubenbolzen durch Stöße verlängert. Mitunter ſtellen wir die Mutter auch durch eine beſondere Schraube

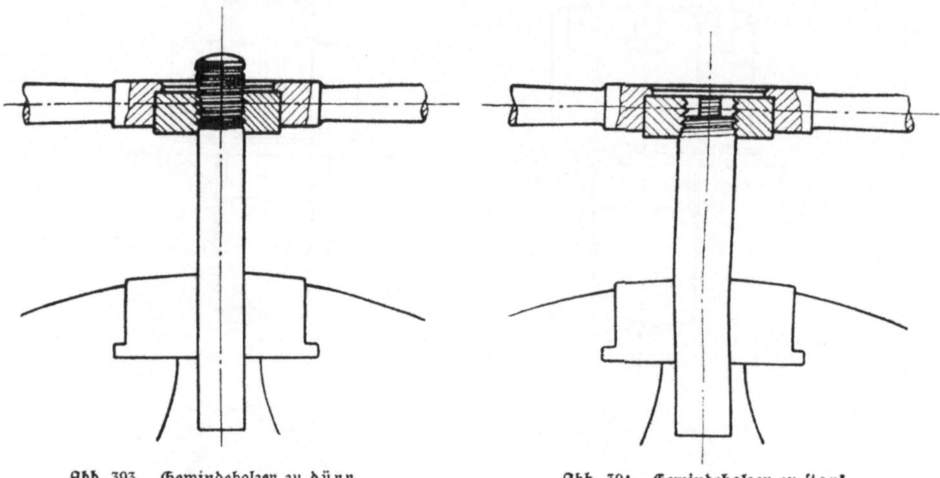

Abb. 393. Gewindebolzen zu dünn.　　　　Abb. 394. Gewindebolzen zu ſtark.

feſt, um eine unbeabſichtigte Löſung zu verhindern. Auch eine zweite Mutter, die Gegenmutter, wenden wir zu dieſem Zweck an. Alle dieſe Sicherungen ſind aber nicht unbedingt zuverläſſig.

Bei der Herſtellung von Schraubenbolzen und -löchern mit Hilfe des Schneideiſens beziehungsweiſe des Gewindebohrers haben wir auf folgendes zu achten:

Der Gewindebolzen darf weder zu dünn (Abb. 393) noch zu dick (Abb. 394) ſein. Im erſten Falle wird das Gewinde nicht tief genug ausgeſchnitten und reißt beim Anziehen leicht aus; im zweiten Falle geht das Schneideiſen nur über den zugeſpitzten Teil des Bolzens und reißt beim Weiterſchneiden die Gänge aus. Der Durchmeſſer des Bolzens darf nur wenig kleiner ſein als das Schneideiſen im Gewindedurchmeſſer (Abb. 395). Dann wird

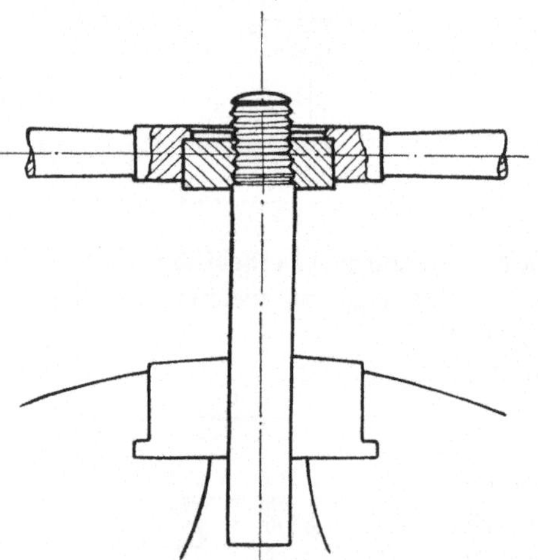

Abb. 395. Gewindebolzen richtig.

das Schraubengewinde gut ausgeſchnitten. — An der Anſchneidſtelle darf der Bolzen nicht ſo dick ſein wie auf der übrigen Länge, ſonſt kann das Schneideiſen nicht angreifen. Der Bolzen muß vielmehr koniſch zugeſpitzt ſein.

Der Gewindebohrer darf nicht ſchief auf die Bohrung aufgeſetzt werden (Abb. 396), ſonſt wird das Gewinde ſchief, und der Gewindebohrer bricht ab. Der Gewindebohrer muß vielmehr senkrecht auf die Bohrung gesetzt (Abb. 397) und das Windeisen muß wagerecht gehalten werden. Auch ist reichlich Öl zu verwenden, damit saubere Gewindegänge entstehen.

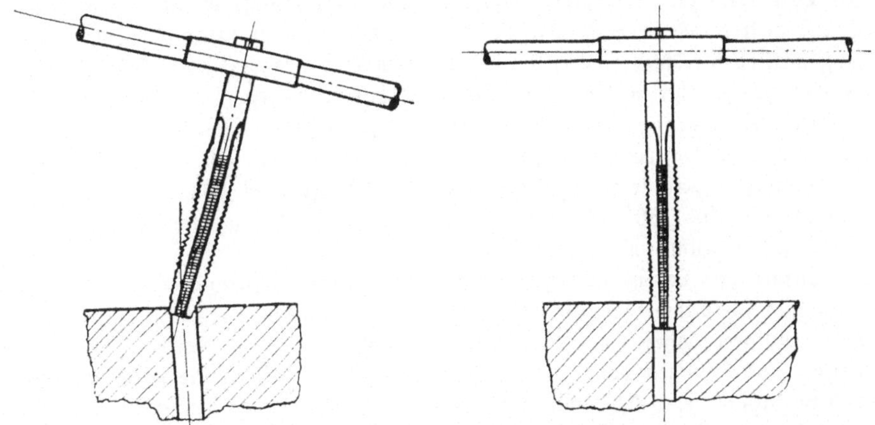

Abb. 396. Falsche Anwendung des Gewindebohrers. Abb. 397. Richtige Anwendung des Gewindebohrers.

Bei Benutzung von Schraubenschlüssel und Schraubenzieher zwecks Herstellung von Verschraubungen beachten wir folgendes:

Der Schraubenschlüssel darf nicht zu weit sein, sonst faßt er die Mutter an den Ecken statt an den Seitenflächen. Hierunter leiden Mutter und Schraubenschlüssel.

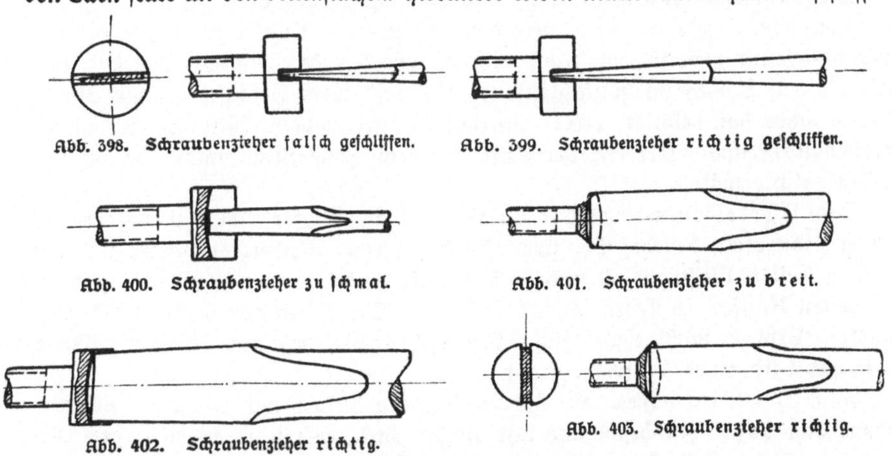

Abb. 398. Schraubenzieher falsch geschliffen. Abb. 399. Schraubenzieher richtig geschliffen.

Abb. 400. Schraubenzieher zu schmal. Abb. 401. Schraubenzieher zu breit.

Abb. 402. Schraubenzieher richtig. Abb. 403. Schraubenzieher richtig.

Der Schraubenzieher darf nicht meißelartig zugeschärft sein (Abb. 398), sonst geht er beim Drehen aus dem Schraubenschlitz heraus und verdirbt ihn. Er soll vielmehr auf der ganzen Höhe des Schlitzes gleich dick sein und im Schlitz nur wenig Spielraum haben (Abb. 399). Auch darf der Schraubenzieher nicht zu schmal (Abb. 400) oder zu breit sein (Abb. 401), da er sonst nicht richtig faßt oder die Aussenkung verdirbt. Er soll vielmehr nach Abb. 402 und 403 beschaffen sein.

f) Verbindung durch Löten.

Wirkungsweise. Der Maschinenbauer lötet nicht allzuhäufig, weil diese Verbindung nicht sehr fest ist. Das Löten bewirken wir in der Weise, daß wir Lot an den Lötstellen zum Schmelzen bringen, dafür sorgen, daß es an den zu lötenden Teilen haftet und sie nach dem Erstarren gewissermaßen zusammenklebt. Das Lot muß natürlich leichter schmelzen als die Metalle, die es verbinden soll. Wir unterscheiden zwei Lötarten, das Weichlöten und das Hartlöten.

Zum **Weichlöten** verwenden wir leicht schmelzbare Weichlote oder Schnellote aus Zinn-Blei-Legierungen (Zinnlot), denen zuweilen noch Wismut zugesetzt ist, um die Schmelztemperatur herabzusetzen. Zinnlote schmelzen bei 181 bis 240°, Wismutlote bei 124 bis 160°. Ein in der Klempnerei viel gebrauchtes Weichlot besteht aus 2 Teilen Zinn und 1 Teil Blei.

Damit das Lot in die feinen Poren des Metalls eindringen kann, müssen die Lötstellen metallisch rein sein und während des Lötens in diesem Zustande bleiben. Wir reinigen daher die Oberflächen der Lötstellen durch Feilen, Schaben oder Beizen und benutzen dann ein Lötflußmittel. Dieses reinigt die Verbindungsstelle und verhindert eine Oxydation während des Lötens. Das Lötflußmittel nennen wir **Lötwasser.** Es ist in Wasser gelöstes Chlorzinkammonium. Statt dessen benutzen wir auch eine Auflösung von Zink in Salzsäure, mit Salmiakgeist vermischt und mit Wasser verdünnt. Zum Schutz gegen Oxydation der Lötstelle ist ferner Kolophonium in Pulverform, Talg, Stearin und dgl. geeignet. Lötpasten bestehen entweder nur aus Lötflußmitteln oder enthalten gleich Lot und Flußmittel zusammen.

Die für das Löten notwendige Wärme führen wir der Lötstelle durch eine Spiritus- oder Gasflamme oder durch den Lötkolben aus Kupfer zu. Kupfer oxydiert und verbrennt nicht so leicht und nimmt außerdem das Zinnlot leicht auf. Wir erhitzen den Kolben im Holzkohlenfeuer oder mit einem Gebläse, das mit Benzin, Benzol oder dgl. betätigt wird. In der oft gebrauchten Lötlampe vergast der Betriebsstoff und bildet mit der Luft eine sehr heiße Stichflamme, die die Lötstellen rasch erwärmt.

Zum **Hartlöten** nehmen wir Hartlot, das aus Kupfer und Zink, zuweilen mit einem Zinnzusatz, besteht. Ein strengflüssiges gelbes Messinglot besteht z. B. aus 3 bis 4 Teilen Messingabfall und 1 Teil Zink; ein gelbweißes Messingschlaglot aus 16 Teilen Kupfer, 16 Teilen Zink, 1 Teil Zinn. Zum Löten von Gußeisen, Messing, Kupfer, Bronze, Stahl eignet sich Silberschlaglot, das aus Silber und Kupfer oder aus Silber und Messing besteht.

Zum Hartlöten müssen wir die zu lötenden Stellen auf Hellrotglut erhitzen, damit das dazwischen befindliche Lot flüssig wird. Hierzu reicht die in dem Lötkolben aufgespeicherte Hitze nicht aus. Besser ist die Lötlampe. Größere Stücke erhitzen wir unmittelbar in einem Holzkohlen- oder Koksfeuer. Beim Hartlöten umwickeln wir die zu verbindenden Teile, um ihre Lage gegeneinander zu sichern, mit Bindedraht oder verbinden sie durch Spannschrauben, Nieten oder dgl. Die beim Weichlöten gebräuchlichen Flußmittel können wir nicht verwenden, weil sie bei der hohen Löttemperatur verdampfen. Als Flußmittel für das Hartlöten eignen sich Borax und phosphorsaures Natron.

Maschinenbau. Von Dir. Ing. O. Stolzenberg. I. Teil: Werkstoffe des Maschinenbaues und ihre Bearbeitung auf warmem Wege. 2. Aufl. Mit zahlr. Abb. [U. d. Pr. 1925.] II. Teil: Arbeitsverfahren. Mit 750 Abb. Geb. M 7.—. III. Teil: Methodik der Fachkunde und Fachrechnen, Kart. M. 2.40

Fachkunde für Maschinenbauer und verwandte Berufe. Von Gewerbeschulrat K. Uhrmann, Direktor Ing. F. Schuth und Direktor Ing. O. Stolzenberg. Mit zahlr. Abb. 2. Aufl. [U. d. Pr. 1925.]

Baukunde für Maschinentechniker. Von Oberlehrer Dipl.-Ing. A. Weiske. 2. Aufl. Mit zahlr. Fig. [U. d. Pr. 1925.]

Die Ausbildung für den technischen Beruf in der mechanischen Industrie. (Maschinenbau, Schiffbau, Elektrotechnik.) Hrsg. vom Deutschen Ausschuß für technisches Schulwesen. 4. Aufl. M. —.40

Lehr- und Aufgabenbuch der Physik für Maschinenbau und Gewerbeschulen sowie für verwandte technische Lehranstalten und zum Selbstunterricht. Von Oberstudienrat Prof. Dr. G. Wiegner und Reg.-Baumeister Dipl.-Ing. Prof. P. Stephan. In 3 Teilen. Mit zahlr. Fig. im Text und ausgeführten Musterbeispielen. I. Teil: Allgemeine Eigenschaften der Körper, Mechanik. 3., verb. Aufl. Mit 175 Fig. Kart. M. 4.20. II. Teil: Lehre von der Wärme. Lehre vom Licht (Optik). Wellenlehre. 2., verb. Aufl. Mit 132 Fig. Kart. M. 3.40. III. Teil: Elektrizität (einschl. Magnetismus). Einführung in die Elektrotechnik. 2., verb. u. verm. Aufl. Mit 233 Fig. Kart. M. 4.—

Aufgaben aus der technischen Mechanik für den Schul- und Selbstunterricht. Von Prof. N. Schmitt. I. Bewegungslehre, Statik und Festigkeitslehre. 2. Aufl. 240 Aufgaben u. Lösungen. Mit zahlr. Fig. im Text. II. Dynamik und Hydraulik. 2. Aufl. Von Oberstudienrat Prof. Dr. G. Wiegner. 198 Aufgaben und Lösungen. Mit zahlr. Fig. im Text. (ANuG Bd. 558/559.) Geb. je M. 2.—

Natur und Werkstoff. Grundlehren der Physik, Chemie, Werk- u. Betriebsstoffkunde. Für Fachschulen, insbesondere Eisenbahnschulen und für den Selbstunterricht. Von Prof. F. Tiß. Mit 37 Abb. u. 2 Skizzentafeln. Kart. M. 2.—

Tafeln für das logarithmische und numerische Rechnen mit einer Einführung in die Logarithmen, das logarithmische Rechnen und den Gebrauch des Rechenschiebers für Mittelschulen, mittlere Fachschulen und das praktische Leben. Von H. Martens. Kart. M. 1.20

Vierstellige Zahlen zum logarithmischen und Zahlenrechnen für Schule und Leben. Von Oberstudiendirektor Dr. Ph. Lötzbeyer. M. 1.50

Tafeln für logarithmisches und numerisches Rechnen (vierstellige Logarithmentafeln) für Schule und Leben. Von Oberstudiendirektor Dr. Ph. Lötzbeyer. [U. d. Pr. 1925.]

Gewerbekunde der Holzbearbeitung. Von Oberinspektor Studienprof. J. Großmann. Bd. I: Das Holz als Rohstoff. 2., neub. u. erw. Aufl. Mit 91 Textabb. Kart. M. 3.20. Bd. II: Die Werkzeuge und Maschinen der Holzbearbeitung. 2., neubearb. u. erweit. Aufl. Mit 358 Textabb. Kart. M. 5.—

Normschrift. M. —.40. **Rundschrift.** 3. Aufl. M. —.60. **Steilschrift.** 2. Aufl. M. —.40. Lehr- und Übungshefte für Schul- und Selbstunterricht. Von Gewerbeschulrat Dr. R. Schubert.

Das Zeichnen der konstruierenden Berufe in den gemischt beruflichen Klassen der kleinen Berufsschulen. Von Oberregierungs- und Gewerbeschulrat Prof. W. Hecker und Dipl.-Ing. Berufsschuldirektor Gagel. Mit über 300 Abb. im Text und 50 Tafeln. Geb. M. 10.—

Der Weg zur Zeichenkunst. Von Oberstudiendirektor Dr. E. Weber. 3. Aufl. Mit 84 Abb. u. 1 Farbtafel. (ANuG Bd. 430.) Geb. M. 2.—

Der deutschen Jugend Handwerksbuch. Von Geh. Oberreg.-Rat Prof. Dr. L. Pallat. Bd. I. Für Anfänger. 4. Aufl. Mit 117 Abb. im Text. Geb. M. 5.—. Bd. II. Für Geübtere. 3. Aufl. Mit 136 Abb. im Text und auf 3 farbigen Tafeln. Kart. M. 6.—, geb. M. 7.—

Verlag von B. G. Teubner in Leipzig und Berlin

Aus Natur und Geisteswelt

Jeder Band gebunden M. 2.—

Lehrbücher für Schule und Selbstunterricht

Lehrbuch der Rechenvorteile, Schnellrechnen und Rechenkunst. Mit zahlr. Übungsbeispielen. Von Ing. Dr. J. Boſſo. (Bd. 739.)

Prakt. Mathematik. V. Prof. Dr. R. Neuendorff. I. Teil: Graphiſche Darſtellungen. Verkürztes Rechnen. Das Rechnen mit Tabellen. Mechaniſche Rechenhilfsmittel. Kaufmänniſches Rechnen im tägl. Leben. Wahrſcheinlichkeitsrechnung. 3. Aufl. Mit 29 Fig. im Text u. 1 Taf. (Bd. 341.) II. Teil: Geometriſches Zeichnen, Projektionslehre, Flächenmeſſung, Körpermeſſung. Mit 133 Fig. (Bd. 526.)

Arithmetik und Algebra zum Selbſtunterricht. Von Geh. Studienrat P. Cranz. Mit zahlr. Fig. 2 Bde. 8. bzw. 6. Aufl. (Bd. 120, 205.)

Einführung in die Infiniteſimalrechnung mit einer hiſtor. Überſicht. Von Prof. Dr. G. Kowalewsſki. 3., verb. Aufl. Mit 18 Fig. (Bd. 197.)

Differentialrechnung unter Berückſichtigung der prakt. Anwendung in der Technik, m. zahlr. Beiſp. u. Aufgab. verſehen. Von Studienrat Privatdoz. Dr. M. Lindow. 4. Aufl. Mit 50 Fig. 161 Aufg. (387.)

Differentialgleichungen. U. Berückſicht. d. prakt. Anwendung i. d. Technik m. zahlr. Beiſp. u. Aufgaben verſehen. Von Studienrat Privatdoz. Dr. M. Lindow. Mit 38 Fig. im Text u. 160 Aufg. (Bd. 589.)

Integralrechnung unter Berückſichtigung d. prakt. Anwendung in d. Technik m. zahlr. Beiſp. u. Aufg. verſeh. v. Studienrat Privatdoz. Dr. M. Lindow. 3. Aufl. Mit 43 Fig. u. 200 Aufgaben. (Bd. 673.)

Vektoranalyſis. Von Privatdozent Dr. M. Krafft. [In Vorb. 1925] (Bd. 677.)

Die graphiſche Darſtellung. Von Hofrat Prof. Dr. F. Auerbach. 2. Aufl. Mit 139 Fig. (437.)

Graphiſches Rechnen. Von Prof. O. Prölß. Mit 164 Fig. im Text. (Bd. 708.)

Planimetrie zum Selbſtunterricht. Von Geh. Studienr. P. Cranz. 3. Aufl. Mit 93 Fig. (Bd. 340.)

Analytiſche Geometrie der Ebene zum Selbſtunterricht. Von Geh. Studienrat P. Cranz. 3. Aufl. Mit 55 Fig. (Bd. 504.)

Ebene Trigonometrie z. Selbſtunterricht. Von Geh. Studienr. P. Cranz. 3. Aufl. Mit 50 Fig. (431.)

Sphäriſche Trigonometrie z. Selbſtunterricht. Von Geh. Studienr. P. Cranz. Mit 27 Fig. (605.)

Einführung in die darſtellende Geometrie. Von Studienrat P. B. Fiſcher. Mit 59 Fig. (Bd. 541.)

Projektionslehre. Von akadem. Zeichenlehrer A. Schudeiſky. 2. Aufl. Mit 165 Fig. (Bd. 564.)

Grundzüge der Perſpektive nebſt Anwend. von Geh. Reg.-Rat Prof. Dr. K. Doehlemann. 2., verb. Aufl. Mit 91 Fig. und 11 Abb. (Bd. 510.)

Geometriſches Zeichnen. Von akadem. Zeichenl. A. Schudeiſky. Mit 172 Abb. im Text und auf 12 Tafeln. (Bd. 568.)

Mechanik. V. Prof. Dr. G. Hamel. 3 Bde. I. Grundbegriffe d. Mechanik. Mit 38 Fig. II. Mechanik der feſten Körper. III. Mechanik d. flüſſ. und luftförm. Körper. (Bd. 684/686.)

Aufgaben aus d. techn. Mechanik f. d. Schul- u. Selbſtunterricht. V. Prof. A. Schmitt. I. Bewegungslehre. Statik u. Feſtigkeitslehre. 2. Aufl. 240 Aufgaben u. Löſungen. Mit zahlr. Fig. i. T. II. Dynamik und Hydraulik. 198 Aufgaben und Löſungen. Mit zahlreichen Fig. im Text. 2 Aufl. beſorgt v. Oberſtudienrat Prof. Dr. G. Wiegner. (Bd. 558/559.)

Statik. Von Gewerbeſchulrat Oberſtudiendirektor A. Schau. 2. Aufl. Mit 112 Fig. (Bd. 828.)

Feſtigkeitslehre. Von Gewerbeſchulrat Oberſtudiendirektor A. Schau. 2. Aufl. Mit 119 Fig. im Text. (Bd. 829.)

Einführung in die Technik. Von Geh. Reg.-R. Prof. Dr. H. Lorenz. Mit 77 Abb. (Bd. 729.)

Einführung in die techniſche Wärmelehre (Thermodynamik). Von Geh. Bergrat Prof. R. Vater. 3. Aufl. v. Prof. Dr. Fr. Schmidt. Mit 46 Abb. im Text. (Bd. 516.)

Praktiſche Thermodynamik. Von Geh. Bergrat Prof. R. Vater. 2. Aufl. Von Prof. Dr. Fr. Schmidt. Mit 40 Abb. u. 3 Taf. (Bd. 596.)

Die Dampfmaſchine. Von Geh. Bergrat Prof. R. Vater. Neuaufl. v. Prof. Dr. Fr. Schmidt. I: Wirkungsweiſe des Dampfes im Keſſel u. in der Maſchine. 6. Aufl. Mit 38 Abb. II: Ihre Geſtaltung und Verwendung. 3. Aufl. Mit 94 Abb. (393/94.)

Die neueren Wärmekraftmaſchinen. Von Geh. Bergrat Prof. R. Vater. Neuauflage v. Prof. Dr. Fr. Schmidt. I: Einführung in die Theorie und den Bau der Gasmaſchinen. 6. Aufl. Mit 45 Abb. (Bd. 21.) II: Gaserzeuger, Großgasmaſchinen, Gas- u. Dampfturbinen. 6. Aufl. Mit 43 Abb. (Bd. 86.)

Waſſerkraftausnutzung u. Waſſerkraftmaſch. Von Dr.-Ing. F. Lawaczek. M. 57 Abb. (732.)

Maſchinenelemente. Von Geh. Bergrat Prof. R. Vater. 4., erw. Aufl. bearb. von Prof. Dr. Fr. Schmidt. Mit 183 Abb. (Bd. 301.)

Hebezeuge. Von Geh. Bergrat Prof. R. Vater. 3., erweit. Aufl. bearbeitet von Prof. Dr. Fr. Schmidt. Mit 75 Abb. (Bd. 196.)

Die Fördermittel. Einrichtungen zum Fördern v. Maſſengütern und Einzellaſten in induſtriellen Betrieben. Von Obering. O. Bechſtein. Mit 74 Abb. im Text. (Bd. 726.)

Das Eiſenhüttenweſen. Von Geh. Bergrat Prof. Dr. H. Wedding. 6. Aufl. v. Bergaſſeſſor Dipl.-Ing. F. W. Wedding. Mit 22 Abb. (Bd. 20.)

Unſere Kohlen. Von Bergaſſeſſor Privatdoz. Dr. P. Kukuk. 3. Aufl. Mit 56 Abb. im Text und 3 Tafeln. (Bd. 396.)

Landwirtſchaftliche Maſchinenkunde. Von Geh. Reg.-Rat Prof. Dr. G. Fiſcher. 2. Aufl. Mit 64 Abb. (Bd. 316.)

Die Spinnerei. Von Dir. Prof. M. Lehmann. Mit 35 Abb. (Bd. 338.)

Der Eiſenbetonbau. V. Dipl.-Ing. E. Haimovici. 2. Afl. Mit 82 Abb. u. 8 Rechnungsbeiſpielen. (275.)

Grundlagen der Elektrotechnik. Von Obering. A. Rotth. 3. Aufl. Mit 70 Abb. (Bd. 391.)

Die elektriſche Kraftübertragung. Von Ing. P. Köhn. 2. Aufl. Mit 133 Abb. (Bd. 424.)

Drähte und Kabel, ihre Anfert. u. Anwend. in d. Elektrotechnik. Von Telegraphendir. H. Brick. 2. Aufl. Mit 243 Abb. (Bd. 285.)

Das Telegraphen- und Fernſprechweſen. Von Oberpoſtrat O. Sieblíſt. 2. Aufl. (Bd. 183.)

Die drahtloſe Telegraphie und Telephonie. Ihre Grundlagen und ihre Entwicklung. Von Studienrat Dr. P. Fiſcher. Mit 48 Abb. (Bd. 822.)

Schöpfungen der Ingenieurtechnik d. Neuzeit. Von Geh. Reg.-R. M. Geitel. 2. Aufl. Mit 32 Abb. (Bd. 28.)